中国自然保护区
NATURE RESERVE OF CHINA

U0673743

府建岁月

西马头山国家级自然保护区建设纪实

保护区于1984年划建南方红豆杉保护点，1994年建立县级自然保护区，2001年经省人民政府批准晋升为省级自然保护区，2008年经国务院批准晋升为国家级自然保护区，于2014年5月正式上划省林业厅管理。保护区管理局于2014年7月开始筹建，在省林业厅党组的关怀和领导下，在资溪县委、县政府的大力支持下，坚持以"三定"方案和"两个会议纪要"为基调，深入推进各项工作，用两年半时间基本完成筹建任务。

主编：吴和平

中国林业出版社

图书在版编目（ＣＩＰ）数据

筹建岁月：江西马头山国家级自然保护区建设纪实 /
吴和平主编. -- 北京：中国林业出版社，2017.10
ISBN 978-7-5038-9312-4

Ⅰ．①筹… Ⅱ．①吴… Ⅲ．①自然保护区－建设－概
况－江西 Ⅳ．①S759.992.56

中国版本图书馆CIP数据核字(2017)第251430号

出　版　中国林业出版社（100009 北京西城区德内大街刘海胡同7号）
网　址　http://lycb.forestry.gov.cn
电　话　（010）83143500　83143615
发　行　中国林业出版社
印　刷　固安县京平诚乾印刷有限公司
版　次　2017年11月第1版
印　次　2017年11月第1次
开　本　787mm×1092mm　1/16
印　张　14.5
字　数　210千字
定　价　108.00元

这是一片神秘的森林

这是一块绿色的翡翠

这是一处穹顶之下最纯净的地方

……

马 头 山

江西马头山国家级自然保护区建设纪实

筹建岁月

江西马头山国家级自然保护区建设纪实

编撰委员会

顾　　问：詹春森　　胡跃进

主　　编：吴和平

副 主 编：刘学东　张建根　石　强　饶亚卉　刘其龙

参编人员：罗晓敏　陈孝斌　涂鸿文　邵湘林　魏浩华

　　　　　龚景春　孙培军　胡晓丽　李　珺　卢颖颖

　　　　　熊　宇　曹　影　蔡巧燕　龚玮璘　张　蓉

序

  武夷山脉地处赣闽交界处，呈东北至西南走向，是中国东南地区一条重要山脉，她不仅保存有大面积的天然常绿阔叶林，孕育着丰富的野生动植物资源，是世界著名的动植物模式标本产地，还常给江西夏季阻挡台风侵袭，带来久旱甘霖，是江西人民的一座福山。

  江西马头山国家级自然保护区位于武夷山脉西端，最高峰鹤东峰海拔1364m。区内崇山峻岭、茂林修竹，生态环境优渥，生物多样性丰富，是鄱阳湖水系五大河流之一的信江支流泸溪河的源头。保护区内山体结构复杂，山峰陡峭，孕育了非常丰富的动植物种群，保存大量的珍稀动植物物种，有高等植物275科1005属2783种，其中珍稀濒危乔木树种45科124种。属国家Ⅰ级保护的植物有4种；属国家Ⅱ级保护的植物有16种，美毛含笑为马头山特有树种。有陆生脊椎动物27目91科387种。其中国家重点保护野生动物有54种。属国家Ⅰ级重点保护的动物有6种；国家Ⅱ级重点保护的48种。马头山国家级自然保护区是迄今为止江西唯一以珍稀植物为主要保护对象的国家级自然保护区。

  为保护马头山丰富的野生动植物资源，早在1994年经省人民政府批准建立马头山县级自然保护区，2001年晋升为省级自然保护区，2008年经国务院批准晋升为国家级自然保护区。2014年5月，经江西省人民政府同意划归省林业厅管理，省编办批复同意成立省林业厅直属正处级江西马头山国家级自然保护区管理局。为切实履行好保护区内自然资源的保护管理职能，2014年7月，省林业厅组建了保护区管理局筹建队伍，启动了筹建工作。在抚州市委、市人民政府，资溪县委、县人民政府和有关部门的大力支持和密切配合下，筹建人员发扬"五加二""白加黑"精神，艰苦奋斗、攻坚克难，于2016年12月顺利完成了筹建任务，保护区基础设施及保护管理、行政执法、科研监测、宣传教育等体系基本建成，为今后发展奠定了坚实基础。

为铭记这段艰辛而又充实的筹建岁月，为历史留下一份珍贵资料，让大家更好地了解马头山保护区的发展历程，保护区管理局职工编写了《筹建岁月——江西马头山国家级自然保护区建设纪实》一书。该书通过真实记录筹建工作的点点滴滴，从侧面反映了基层保护工作者参与生态文明建设的生动形象，是江西林业人践行绿色发展理念，保护绿水青山，推进江西生态文明试验区建设的真实写照。

建设和管理自然保护区是尊重自然、顺应自然、保护自然的生态文明理念在生态保护工作中的具体实践，是建设生态文明和美丽中国的重要载体，在维护国家生态安全中发挥着极其重要的作用。不忘初心、继续前进。希望马头山保护区管理局抓住机遇、乘势而上、再创佳绩，为推进江西生态文明试验区建设，打造美丽中国江西样板作出新的更大贡献。

是为序！

江西省林业厅：

二〇一七年六月

目　录

第六章 领导关怀篇

第七章　职工风采篇

第八章　区内自然景观篇

第九章　筹建工作大事记

第一章　基本情况介绍篇

一、江西马头山国家级自然保护区简介

　　江西马头山自然保护区从1984年划建南方红豆杉保护点，到1994年建立县级自然保护区，2001年经省人民政府批准晋升为省级自然保护区，2008年经国务院批准晋升为国家级自然保护区，历经33年。保护区位于江西省资溪县的东北部，地处闽赣交界的武夷山脉中段西麓，是武夷山区最偏僻、自然生态系统保存最好的地方，保存有原生性较强的常绿阔叶林。保护区主要保护对象有美毛含笑、南方红豆杉、长叶榧、伯乐树、香果树、蛛网萼等珍稀濒危物种及其形成的大面积稀有植物群落，以及典型的中亚热带湿润常绿阔叶林森林生态系统，是江西省迄今唯一的野生生物类野生植物类型的国家级自然保护区。

保护区地理坐标为东经117°09'11"—117°18'00"，北纬27°40'50"—27°53'52"。保护区总面积13866.53公顷，其中核心区4286.08公顷，占保护区总面积的30.9%；缓冲区3438.72公顷，占24.8%；实验区6141.73公顷，占44.3%。保护区地貌总体上属于构造切割与流水侵蚀形成的火山岩型山地，以中山为主的中低山地貌区，区内最高峰鹤东峰海拔1364米，海拔高于1000米的山峰有20余座；岩石大多为燕山期花岗岩，土壤为花岗岩风化形成的山地红壤、山地黄红壤和山地黄壤，以及小范围的山地草甸土；气候属亚热带湿润季风气候，年平均气温16—18℃，年平均降雨量为2263.78毫米，年相对湿度83%；年均日照为1597.6小时，年均无霜期270天，年均雾日88天。马头山保护区是鄱阳湖水系五大河流之一的信江支流泸溪河的源头。

武夷山区是世界模式标本重要产地。保护区位于武夷山脉中段腹地，森林植被以天然常绿阔叶林为主，森林覆盖率达97.43%，生态环境优良，生物多样性丰富。保护区具有植物物种、群落及植被的典型性、稀有性、古老性和完整性等特点。区内有高等植物2483种，其中珍稀濒危乔木树种45科124种，属国家Ⅰ级保护的植物有南方红豆杉、伯乐树、莼菜、报春苣苔等4种；属国家Ⅱ级保护的植

江西马头山自然保护区位置图

国家林业局调查规划设计院　　1：4000000　　2006年2月

江西马头山自然保护区在武夷山脉位置示意图

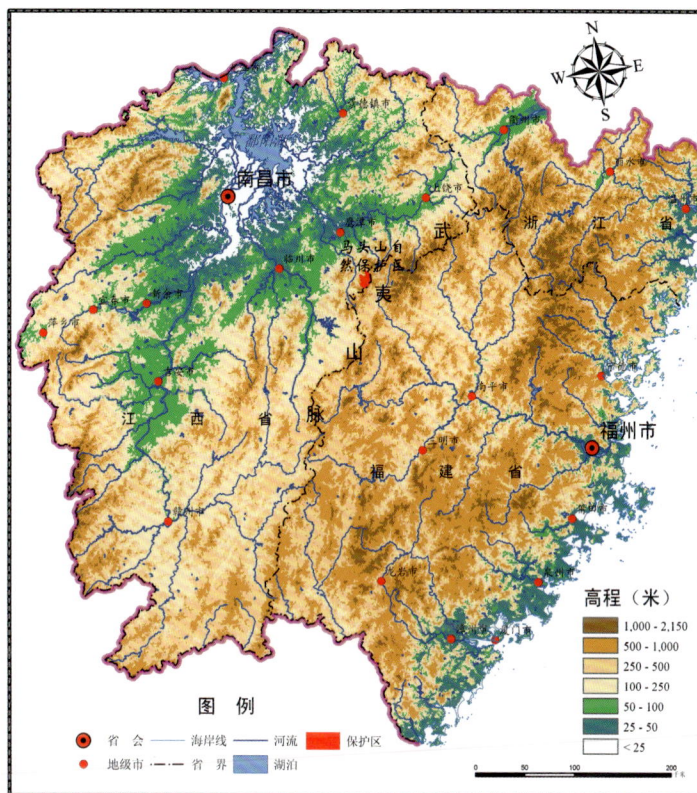

物有长叶榧、福建柏、樟树、闽楠、浙江楠、翅荚木、野大豆、花榈木、蛛网萼、榉树、毛红椿、香果树、苦梓、金荞麦、普陀樟、喜树等16种；列入《中国植物红皮书》的濒危植物有美毛含笑、南方铁杉、八角莲、黄山木兰、短萼黄连、银鹊树、银钟花、紫茎等21种。区内陆生脊椎动物27目91科387种，其中国家重点保护野生动物有白颈长尾雉、黄腹角雉、云豹、黑熊、猕猴等54种。

保护区最大特色是以珍稀濒危植物为主要成分或建群种的天然群落多，面积大。如长叶榧有27万多株，且自然更新良好，胸径在20cm以上大树有6670株；南方红豆杉有26万株，大树15万多株，是江西省的分布中心，也是全国的分布中心之一；伯乐树保存面积超过100hm²天然林，世属罕见；区内美毛含笑为马头山保护区特有种，2004年出版的《中国物种红色名录》将其定为"极危种"，是一种树形优美的观花观叶树种；保护区内还保存有完好的杉木原生性天然林。保护区内有许多古老的珍稀植物，有的还形成群落，甚是壮观。

马头山绵延的山脉、晶莹的河水、无边的绿色、苍劲的古木、矫健的动物、满眼的生机，纷至沓来，没有尽头……

二、艰辛的历程、非凡的业绩

　　江西马头山国家级自然保护区管理局于2014年7月开始正式筹建，坚持以"三定"方案和"两个会议纪要"为基调，奋力推进各项工作。筹建初期，单位人少事多，干职工团结一心，克服困难，付出了许多艰辛和汗水。至2016年底，基本实现了局站基础设施建设、森林资源保护管理交接和机构人员基本到位三个如期完成，构筑了马头山保护区建设与发展的基本框架。

　　省林业厅和市、县领导高度重视马头山保护区筹建工作，经常莅临现场指导，帮助解决困难和问题，仅阎钢军厅长就先后4次到管理局视察、调研，对筹建工作给予了极大的关怀和精心的指导，有力推进了筹建工作的全面开展，并对筹建工作取得的成绩给予了充分的肯定。

1984	1994	2001	2008	2014.5	2014.7	2016.12
划建南方红豆杉保护点	建立县级自然保护区	经省人民政府批准晋升为省级自然保护区	经国务院批准晋升为国家级自然保护区	正式上划省林业厅管理	开始筹建	基本实现三个如期完成，构筑发展基本框架

1 加快基础设施、危旧房改造异地新建和能力项目建设，夯实发展根基

一期项目于2008年批复，建设期3年。但由于省政府协调将保护区管理机构由地方管理上划为省林业厅管理的原因，项目延迟至2014年7月才正式开始建设。管理局干职工团结协作，发挥"五加二"、"白加黑"的拼命三郎精神，用了2年时间，完成了3年工作任务，前期项目全部实施完成，并通过了省林业厅验收组验收。

● **一是局站业务用房全部建成。** 科研综合楼于2014年7月10日开工建设，2015年7月10日正式揭牌投入使用。科研综合楼及附属设施项目等已经通过省林业厅验收，正在办理房产证相关手续，大院绿化工程也基本完成。4个基层保护管理站全部完成建设并投入使用。郑家保护管理站以装修费抵租赁费的方式，租赁港东村委会办公楼20年，于2016年元月1日进驻办公；东源、双港口保护管理站新建办公楼，分别于2016年9月29日和2016年10月18日正式揭牌投入使用；新建成的昌坪保护管理站于2016年12月22日入驻办公。

● **二是积极推进基础设施项目建设。** 完成了斗垣茶园至贺子石瞭望塔、昌坪横井桥头至龙井管理站冲毁和坍塌路段的修复工程并通过验收；在保护区内重点区域路旁埋设宣传牌70块、进入林区温馨提示牌3块和大型永久宣传牌1块；严格履行政府采购和招投标程序，按要求采购了办公设备和科研设备；办理了站房建设等子项目的招投标手续；2014年中央财政补助项目基本完成，正在推进2015年、2016年中央财政补助项目建设。

● **三是职工危旧房改造异地新建项目基本完成。** 在省林业厅领导的关心关爱下，管理局2016年危旧房改造异地新建项目任务指标为28套。自任务下达后，局班子高度重视，及时组建相关机构、制定实施方案、把握工作原则、规范工作流程，在确保建设安全和工程质量的前提下，抓紧工程实施进度。该项目于2016年7月27日正式开工建设，比省林业厅要求的8月底之前必须开工建设提前了一个多月，在不到4个月的时间里完成了主体工程建设，于2016年11月16日封顶。按照领导与职工同等待遇、不搞特殊化的原则，2016年12月23日进行了抓阄分房。该项目由职工理事会负责具体实施，主要领导不直接插手工程，只行使监督职责，做到了严格程序，及时公开信息，接受职工监督。

四是做好项目申报工作。完成了《中央财政补助能力建设项目》（2014—2016年度）、《国家林木种子资源库》和《江西省林业科技创新专项资金项目——美毛含笑苗木繁育关键技术研究》等项目的申报工作。同时委托了国家林业局规划院开始二期基础设施建设项目可行性研究报告和二期总体规划编制工作。

2 加强干部职工队伍建设，提高整体素质

积极参加上级部门组织的人事、编制等培训学习，认真贯彻落实省林业厅相关会议精神，开拓创新、锐意进取，发扬严谨、务实的作风，切实履行工作职能，不断加强人事干部队伍建设。

一是完成了三批人员招聘和选调工作。根据"三定"方案和省林业厅"三个三分之一"的原则，2015年分两批选调（招聘）了工作人员15人，其中从地方选调12人，招聘硕士研究生1人，省林业厅派入2人；2016年又完成了一次共5人选调（招聘）工作，其中从地方选调1人，招聘研究生2人、招考退役大学生士兵2人。管理局参照新调入人员在原单位任职情况和专业特长，对新调入人员及时进行了合理分工。除局领导、科室负责人、会计和研究生外，其余人员全部下基层站锻炼。同时，选聘了保护区内马头山镇所辖行政村原村组干部、马头山林场下岗工人共13人担任巡护人员，充实各站巡护力量。

二是科学调配和选拔任用干部。严格落实省林业厅党组指示精神，坚持公平、公正、公开的原则，按照中组部《干部选拔任用条例》，研究制定了《马头山保护区科级干部选拔任用实施方案》。优先选拔年青有为的干部，营造了人尽其才、物尽其用的良好局面。2015—2016年，共向省林业厅党组推荐选拔了副处级干部3名，上报审批正科级干部5人次，副科级干部4人次。

三是加强职工教育培训和专业技术人员职称管理。抓好干部网络教育培训工作，提升干部政治、文化、业务水平。2016年网上注册报名学习的人员，已全部完成培训课时并通过考核；邀请省林业厅政策法规处李俊文调研员为全体干职工进行林业法规培训，让参照执行的《江西武夷山国家级自然保护区条例》在马头山落地生根，进一步提升了马头山保护区行政执法队伍的整体素质及执法人员的执法水平；邀请南昌电视台技术部专家到管理局举办摄影、摄像拍摄技巧讲座，大家收获颇丰、受益匪浅；组织3位非

林学专业职工参加全省现代林业技术培训班，系统的学习识图、识树、样地调查等林业基础知识；根据省人社厅最新职称评定政策，共申报评定相关职称人员6名，其中3名中级工程师、3名助理工程师。

3　强化资源保护管理，构筑绿色屏障

　　管理局采取"人防、物防、技防"，不断加强基础设施建设、建立健全机制、利用高科技设备，做好保护区森林资源保护管理工作。

●　**一是建立健全联防体系和资源监管机制。** 做好监管督查和整治工作，确保资源安全。一是加大了对马头山林场、马头山镇巡护管理人员和检查站人员的日常指导督查工作，发现问题及时处置，将违法行为消灭在萌芽状态，确保资源监管督查到位。二是主动协商资溪县政府和县林业、县森林公安、市场监管等部门和镇（场）单位，于2016、2017年元旦、春节前后在保护区周边开展了针对猎杀、偷盗、滥伐、开挖等违法行为的联合执法整治专项行动，形成了震慑力，确保了森林资源的安全。

●　**二是建设森林防火隔离带。** 2015年底完成了东源至昌坪、东源至郑家以及斗垣至茶园公路两侧近40千米防火隔离带砍杂清理工作，在此基础上，2016年又进行了2次喷洒除草剂除草，确保公路两侧无易燃杂草，预防火灾发生；在省防火办支持下，已安排专项资金30万元，沿村庄建立起300亩生物防火林带，计划通过3—5年不懈努力，增强我区森林火灾的治理能力，巩固防控成效，减轻森林防火压力，保障森林资源安全。

●　**三是加大防火能力建设力度，重点防范森林火灾。** 在省防火办大力支持下，马头山保护区列入了《江西省森林防火视频监控系统建设项目》范围。4个基层保护站辖区内的4座山顶上分别安装了1台森林防火监控镜头，管理局机关建立了森林火灾监控中心，做到24小时全天候监测保护区森林资源，确保能在第一时间发现森林火险；组建了1支19人的半专业森林扑火队伍，省防火办支持配备了25套扑火设备。制定了《半专业森林扑火队培训实施方案》并请来专业教官进行了扑火培训。通过强化训练，提高了扑火队伍的战斗力，一旦发生火灾努力做到"打早打小打了"。

●　**四是积极筹备并完成了资源保护管理全面接管工作。** 管理局与县林业局、马头山镇、马头山林场技术人员完成了保护区外围边界线（除闽赣省界线外）的勘定工作，共埋设界碑、界桩33个，并确定了4个保护管理站管辖区域；2016年12月22日，特邀了省林业厅巡视员詹春森、省野保局局长朱云贵和抚州市林业局、资溪县政府及相关单位部门主要负责人在管理局会议室召开了马头山保

护区源保护管理工作交接会议，管理局与资溪县人民政府签订了交接协议，交接工作顺利完成。

● **五是成立了联合保护机构。** 为加强周边单位联防，确保联防联动渠道畅通，2015年12月，管理局加入了闽浙赣毗连地区护林联防委员会第五联防区，并于2016年底被评为联防工作先进单位。2016年初，管理局经过全程走访和多方位、多渠道与毗邻单位沟通，2017年1月5日召集毗邻两省（江西省和福建省）、一市（贵溪市）、两县（资溪县和光泽县）、两乡镇、五个国有林场及阳际峰保护区等单位召开了联保委成立大会，大会通过了《江西马头山保护区联合保护委员会章程》，表决通过了联保委及其办公室组成人员预备名单，成立联保委领导机构，并布置了工作任务。3月30日，马头山保护区联合保护委员会召开2017年第一次办公室成员会议。会上，联保委成员单位代表审议并签订了《联合保护公约》，讨论通过了《工作实施方案》，并在马头山镇中心小学联合举办了2017年"爱鸟周"宣传活动，联保委工作自此步入了正常轨道。

4 加大科研管理力度，提升科研水平

坚持以"加强资源监测、服务科学发展"为目标，牢牢抓住资源监测和科学研究两大工作主题，稳步推进各项野外调查工作，核查资源变化情况，逐步提升管理局的科研水平。

● **一是开展了野生动物红外相机监测工作。** 与江西师大开展合作，在昌坪站辖区内安装40台远红外触发相机，对保护区内野生动物进行实时监测，先后四次收取监测数据。2016年4月29日，工作人员首次回收安放在辖区内远红外触发相机的影像资料，拍摄到了苏门羚、猕猴、白鹇、黄麂等10几种珍稀野生动物在山间活动的照片和视频。随后陆续收集了大量野生动物珍贵的影像资料。

2017年上半年，保护区在白沙坑附近的竹林拍摄到国家二级重点保护动物黑熊的踪迹。野生黑熊由于受到人类活动的侵扰等原因，都躲藏在高山密林中，极少出现在人类的视野之内，此次红外自控相机在低海拔地区捕捉到黑熊身影，说明保护区生态环境优越。

● **二是开展了保护区昆虫资源调查。** 在省林检局的大力支持下，丁冬荪教授一行和保护区工作人员先后在区内开展了4次昆虫资源调查。调查中发现了有较大数量的国家二级保护昆虫阳彩臂金龟、拉步甲，以及金裳凤蝶、傲白蛱蝶、忘忧尾蛱蝶、迷蛱蝶等国家珍稀保护昆虫。

● **三是开展第二次全国重点保护野生植物资源调查。** 此次调查的对象是国家珍稀保护野生植物，主要是为了摸清分布在保护区范围内的闽楠、南方红豆杉、花榈木、毛红椿、喜树和短萼黄连等6个目的物种的分布现状、生境现状、种群数量及变动趋势、健康状况、生境受威胁因素及程度、生境保护现状。管理局在完成外业调查和内业数据整理工作的基础上，将相关调查报告和工作总结上报给省林业厅，经省林业厅组织的专家抽查核实并获通过。

● **四是与南昌大学合作开展生物多样性调查。** 与南昌大学流域研究所聘请的复旦大学教授陈家宽团队合作开展科学研究，完成了马头山油茶种源调查；与南昌大学生物学基础实验中心合作开展武夷山区--马头山保护区生物多样性资源调查。先后开展了4次植物多样性综合调查，补充了一批珍贵植物标本，为保护区建设生态展览馆打下基础，也为再一次开展全面科学调查、摸清10年后植物资源变化情况提供了科学依据。

● **五是积极配合各高校来保护区开展科考调查。** 2016年8月2日至4日，浙江丽水学院专家到马头山保护区开展两栖类动物调查研究，此次共调查到两栖动物12种、爬行动物6种，完成了《马头山保护区两栖类调查初报》。

● **六是开展古树名木调查。** 2016年下半年先后对保护区古树名木、资溪县乌石镇陈坊村风景林古树名木进行了全面调查，摸清了房前屋后、风景林和深山中的古树名木种类、数量和生长状况，为保护与开发利用生态资源提供了依据，间接支持了资溪县乡村旅游事业。

5 扩大宣传范围，营造浓厚氛围

以视频、图片文字或散发单页、单画等形式扩大对外宣传报道。同时通过制作保护区官网、宣传片、微信平台等，加大保护区宣传力度。

● **一是积极做好形象宣传。** 充分利用电视宣传媒体，与南昌瑞福长义化传媒有限公司合作，为保护区量身定制形象宣传片《欣欣生趣马头山》，宣传保护区的动植物资源、生态环境和保护区建设管理成果，并将其刻录成光盘400份。同时与南昌天人影像文化传媒有限公司签订了相框装裱协议，制作了科研楼墙面马头山保护区风光图片挂件30件。

● **二是做好森林防火宣传。**筹建期间，管理局联合相关部门或独自开展各类宣传活动10次，共散发各种宣传资料近6000份、定制印有珍稀野生动植物和森林防火知识的中小学生作文及练习本各1000本、印有马头山风光图片和保护条例及举报电话的单页日历年画2000份、发送宣传手机短信4000条、悬挂宣传横幅40条、摆放宣传展板42块、出动宣传车13次、到中小学校开展宣传活动5次。

● **三是做好珍稀动植物保护宣传。**管理局每年都积极深入到马头山镇主要街道、村庄、中小学开展《中华人民共和国野生动物保护法》、《中华人民共和国自然保护区条例》、《森林防火条例》、参照执行的《江西武夷山国家级自然保护区条例》等有关法律、法规的宣传活动，并在每年4月"爱鸟周"，11月"野生动物保护宣传月"和重点防火期开展专项宣传活动。活动期间通过悬挂宣传标语、散发宣传资料、摆放宣传展板、出动宣传广播车和现场咨询解答等形式向群众传播生态文明理念，倡导保护生态良好风尚。

● **四是加强了门户网站建设和对外宣传力度。**2016年2月，管理局门户网站顺利开通。局机关及时制定了《2016马头山保护区宣传工作要点及相关要求》并将信息任务分解到各科（室）站，确保局网站能够及时更新。管理局2016年在门户网发布了105条信息报道，成为保护区向社会宣传林业法律知识、森林资源保护、科学研究成果的重要途径。2016年，马头山保护区在厅网站刊登政务信息38条，超额完成厅下达的信息报道任务，在厅直27个单位中排名第五，在厅管8个自然保护区中排名第三。

● **五是积极配合当地政府做好宣传工作。**积极支持资溪县委宣传吴可生护林的先进事迹，将反映其先进事迹的微电影《山魂》上报给省林业厅并获批挂在厅网站，并向国家林业局推荐其参加全国林业微电影评选；支持资溪县政府旅游发展，为大觉山申报5A级旅游景区提供了大量的影像资料。

● **六是大力宣传参照执行的《江西武夷山国家级自然保护区条例》。**《条例》于2016年5月1日正式实施，管理局在4月份就制定宣传方案，组织人力、集中精力，大力宣传《条例》。一是在保护区周边村镇、中小学发放《条例》宣传手册500余份，悬挂宣传条幅5条，出动宣传车2辆，并进行了一次集中宣传，同时局机关及各保护管理站还制作了宣传展版；

二是召集资溪县林业、环保、发改委、财政、交通、国土、农业、水利、旅游、科技、公安等21个相关职能部门的分管领导举办了贯彻《条例》的宣讲会；三是邀请省林业厅政策法规处李俊文调研员授课，宣讲《条例》和林业相关法律、法规，进一步促进联保单位领导和职工学法、懂法，不断提升执法水平。

6　严格规范管理，树立良好形象

始终把加强管理局制度建设和基层保护管理站规范化管理作为筹建工作的重点。

● **一是积极探索机关内部管理工作。** 抓管理从制定完善规章制度入手。2015年制定了13个方面单位规章制度，编印了《马头山保护区管理制度汇编（一）》，在此基础上，进一步规范和完善了《聘用人员管理办法》、《基层保护管理站经费包干若干规定》等等。并从4个方面狠抓督查落实。首先是明确责任，规范管理，做到一级对一级负责，层层抓落实；其次是利用电子设备抓监管，基层保护管理站进驻办公后参照管理局安装了指纹考勤机，做到上下班指纹考勤，规范工作纪律；第三是抓好职工思想教育，做到思想上高度重视，行动上严格落实，按法纪和规章制度办事；第四是通过邀请专家授课、以会代训等形式，加强宣传教育，规范行政执法和行政管理工作。

二是积极筹划科站标准化建设工作。 以"思路决定出路、细节决定成败、责任决定担当、操作决定落实"为指导思想，进一步推进与规范保护管理站各项工作，提高工作效率，树立良好公众形象。首先是实行局、科、站三级管理，从规章制度入手，2016年下半年着手规章制度汇编工作，对《马头山保护区管理制度汇编（一）》进行修订与完善，共归纳为10个大方面，62条规章制度，并全部修订印发。其次是制定印发了《江西马头山保护区基层保护管理站规范化管理实施方案》，进行标准化建设；三是硬件上统一规划，建设徽派建筑，外墙悬挂统一徽标与标语，各保护管理站内部悬挂管理制度牌和保护区管辖图示共18幅；四是加强内部管理，实行责任制，执行站长负责制，做到考勤有指纹记录、巡护有轨迹纪录、监测有数据记录、调查有报告记录，并做到出勤、业绩考核与职工福利挂钩。

自觉践行"三严三实"要求
做忠诚、规矩、干净、敢担当的自然保护事业好干部

7 紧扣活动主题，开展专题教育

● **2015年扎实开展"三严三实"教育活动。**以"三严三实"教育干部，查"不严不实"整改作风。一是高度重视，精心制定实施方案。管理局主要领导亲自抓，加大专题教育宣传力度，营造开展"三严三实"专题教育氛围。2015年5月26日马头山保护区召开全体党员干部会议，组织学习了《"三严三实"要求》和《为政莫忘"三严三实"》等相关文件。认真传达省林业厅通知要求，制定了"三严三实"专题教育实施方案。二是认真学习，深刻领会精神实质。2015年6月3日，专题组织全局党员干部上党课。吴和平书记以《自觉践行"三严三实"要求，做忠诚、规矩、干净、敢担当的自然保护事业好干部》为题讲了一堂生动的党课。重点剖析了在职工中存在的七个方面问题。三是抓好专题教育讨论。结合学习先进典型事迹和组织全体党员到上饶集中营、方志敏烈士纪念馆、资溪县廉政教育馆参观学习，组织党员围绕"严以修身、严以律己、严以用权"，于2015年8—11月开展了三场专题讨论，党员干部通过讨论，明辨了是非，坚定了立场，规范了行为。四是开展民主生活会，深查"不严不实"问题。2015年11月20日部署民主生活会工作，收集职工意见，开展谈心活动。2015年12月28日邀请驻厅纪检监察室负责人指导局班子召开民主生活会。对照"不严不实"问题和职工意见，剖析根源，提出整改意见。民主生活会相互碰撞思想，达到红脸出汗和"团结—批评—团结"的效果。

● **2016年扎实开展"两学一做"学习教育活动。** 制定下发了"两学一做"学习教育实施方案和学习计划，明确学习教育内容，细化分解任务，形成了层层抓落实的工作格局；针对每一个阶段开展好专题教育讨论，每次安排1名支委上党课，2名党员代表发言；同时组织全体党员赴井冈山、兴国、瑞金等地接受红色革命传统教育和观看反腐宣传片，进一步增强了全体党员干部秉公用权、廉洁从政的自觉性，营造风清气正的良好环境。组织全体党员进行党章、党纪、党规知识测试，以考促学，进一步增强全体党员学习的主动性和积极性。通过上级点、自身找、集体议、群众提、互相帮等方式，对照"两学一做"学习教育的具体要求，认真查找出了党员队伍在理想信念、实事求是、改革创新、艰苦奋斗、践行党的宗旨、联系和服务群众等4个方面存在的8个突出问题，并安排了具体整改。

8　健全组织机构，保障事业稳定

按照省林业厅主要领导的要求，新建保护区在抓基础设施建设的同时，要抓好职工队伍建设，做到基础设施建设与党员干部教育同步、制度建设与规范化管理并行。

● **一是建立健全党和工会组织建设。** 在厅直机关党委、厅直机关工会的关心和支持下，于2015年1月获批成立了中共江西马头山国家级自然保护区管理局支部委员会，6月通过选举产生了党支委班子；2015年10月获批成立了马头山保护区管理局工会组织，10月通过选举产生了工会组织机构人员，已办理了工会法人证书及组织机构代码等工作。

● **二是充分发挥党组织作用。**对选举产生的党支委，明确工作责任，认真履行好党组织主体责任和纪检监督责任，坚持一岗双责，强化廉政建设，发挥党员先锋模范作用，做到把党建工作融入到业务工作之中，指导和促进业务工作更好开展。

● **三是认真发挥工会组织作用。**组织职工开展健康文化活动，组织党员干部参观江西上饶集中营、方志敏烈士纪念馆，缅怀革命先烈；参观了资溪县第一个中共支部诞生地——中共下张支部，体验了红色之旅；参观了资溪县廉政教育基地，体会了案例反面之鉴。组织干部职工考察省茶桑研究所、鄱阳湖保护区、鄱阳湖湿地、庐山保护区及武汉第一届国家森林公园展览。组建羽毛球队、乒乓球队，丰富职工文化娱乐生活。

● **四是抓好党风廉政建设和机关效能建设。**坚持"八项规定"和廉政建设不放松，把规矩和纪律挺在前面，做到了事业发展，干部安全。从2015年开始，按照"谁主管，谁负责"的要求，每年党支部书记都会和各科（室）、站负责人签订《党风廉政建设责任书》，把党风廉政建设的责任分解到人，保证了党风廉政建设责任制的有效落实。采取集中学习和个人自学相结合的方式，充分利用局务会、党员大会和职工大会，定期和不定期以会代训的形式组织干部职工开展对新《党章》、《廉政准则》、《纪律处分条例》、十八大精神、习近平系列讲话、中央"八项规定"等有关知识的学习；及时传达学习了省纪委《关于重申严禁党员干部出入私人会所、违规接受吃请纪律的通知》等文件精神，严禁党员干部外出参加与工作有关的吃请。深入开展了违规插手干预工程项目问题和清查损害群众利益专项整治活动，确保了干部安全、事业兴旺。

● **五是认真抓好安全生产工作。**制定下发了野生动物保护整治行动方案，春节期间与县联防单位共同开展整治农贸市场、养殖场的专项活动，保护野生动物资源；与联防单位在保护区联合清理铁夹、绳套等危害野生动物的工具。采取坚决有力措施，集中精力，集中时间，切实打击非法经营野生动物行为。加强野外巡护和看守，全面消除危害野生动物的安全隐患，有效保护野生动物生存环境，确保了区内野生动物资源安全。同时，对建筑工地开展安全责任检查，把责任落到实处，自始至终把安全生产放在首位，确保了筹建工作安全。

9 创新共建模式，推进社区发展

　　管理局在筹建过程中，一方面坚持独立处理事务，在过渡中稳妥处理好与地方的关系，争取地方支持，稳步推进筹建工作；另一方面，尽力支持地方建设和发展。

　　● **一是解决保护区群众民生问题。** 积极与省林业厅、地方政府及有关部门协调沟通，与资溪县政府制定并联合下发了《毛竹经营利用审批及监管规程》，有效解决了实验区毛竹生产经营利用问题，妥善处理了保护与利用矛盾，化解了林农经常上访的难题；向省林业厅推荐了马头山镇山岭村东源、港东村马斜、昌坪村油榨窠、昌坪村江家、马头山村壁家池、港东村下张共6个省级乡村风景林示范村建设点，并获得了批复，具体由县林业局、马头山镇负责组织实施。

　　● **二是支持县人民政府发展乡村旅游建设。** 保护区发挥林业专业特长，邀请江西农业大学裘利红教授帮助调查陈坊村古树名木，并支持帮助地方树木挂牌和树立大型宣传牌，调查报告得到县委主要领导的赞赏。完成了县委主要领导交办的围绕"提升县域绿化，建设生态文化"的专题调研，为县域生态义明建设提出建议。

　　● **三是积极配合地方政府开展"双创"活动。** 近几年，创文明城市和创大觉山5A景区是资溪县的重点工作之一。管理局积极配合并投入于环境卫生大整治活动中，负责完成了局机关周边、东源至昌坪公路两旁及整个昌坪行政村的环境卫生整治活动，得到了地方领导肯定；提供了大量动植物图片和视频，支持大觉山申报5A工作。

　　● **四是重点做好精准扶贫和"四进四联四帮"工作。** 帮助管理局精准扶贫对象昌坪村推进维稳、扶贫、新农村和党组织、文明创建、农村旅游等方面的工作。

　　● **五是积极配合上级完成调研工作。** 自然保护工作受到多方关心支持，是当今社会最为关注的热门话题，同时自然保护事业发展历史时间不长，也有许多工作不完善，也需要多方的支持。管理局围绕自然事业的发展，积极配合国家林业局福州专员办、省政协、省编办、民建江西省委、资溪县政协等部门在马头山保护区开展调研工作，提出了不少好的意见和建议，得到调研组的充分肯定，为上级决策提供了科学依据，取得较好的调研成效。

第二章　基础设施建设篇

一、科研综合楼建设

2013年9月，江西省林业厅向省人民政府呈报《关于批准建设江西马头山国家级自然保护区管理业务用房等基础设施的请示》（赣林护字〔2013〕241号），请示指出：为提升江西马头山国家级自然保护区的建设和管理水平，2008年8月国家林业局批复了基础设施工程项目，总投资为991万，主要用于新建保护区管理局科研综合楼、基层保护管理站、科研监测站、巡护道路等基础设施。因保护区管理机构未批准成立等原因，工程项目未能按时启动。根据国家林业局批复的总体规划布局要求，江西马头山国家级自然保护区基础设施工程项目（一期）主要建设科研综合楼和基层保护管理站，建筑面积2273.73平方米。科研综合楼选址位于资溪县城外鹤城工业园区，征地、设计、招投标等各项前期准备工作均已完成。为此，恳请省人民政府批准开工建设江西马头山国家级自然保护区管理局科研综合楼等基础设施。

　　2014年1月资溪县马头山国家级自然保护区管理办公室(简称县马保办)接到省林业厅转来省人民政府（省〔2013〕第1516号）批准同意的批复后，经项目业主县林业局与县马保办请示省林业厅分管领导和省野保局负责同志同意后，按要求抓紧做好项目建设实施工作。在项目建设领导小组副组长、县委副书记胡宝钦协调调度下，2014年4月8日上午由县林业局牵头，县马保办等相关单位和中标方代表在项目建设现场举行开工仪式，进行了确定用地四址界线和放红线工作。由于政策原因，从项目招投标程序完成到开工时间间隔较长，中标方提出提高工价和调整材料价格等多种要求，经请示省林业厅领导并与中标方多次协商无果后停工。

租用临时办公、生活场所

　　根据省林业厅党组2014年6月25日研究决定，抽调鄱阳湖保护区管理局党委书记吴和平与江西定南野猪塘木材检查站副站长罗晓敏，并借调庐山保护区副局长蔡德毓三位同志到资溪县启动筹建工作，并根据工作需要成立了"江西马头山国家级自然保护区管理局（筹建处）"。6月26日，吴和平在省野保局局长朱云贵带领下，先期来到资溪县林业局协调保护区科研综合楼建设启动前期工作。从6月26日至7月7日，在县政府分管林业副县长邓泉兴、县林业局局长何涛清、书记何学文和县马头山自然保护区管理办公室主任刘学东、副主任楼智明等人的大力支持下，通过与承建商多次协调沟通，并邀请南昌中介公司经理徐元胜现场技术咨询，基本摸清了科研综合楼建设存在的问题和原因，双方取得了初步谅解。

　　2014年7月8日省林业厅党组书记、厅长阎钢军在省林业厅分管领导和市、县有关领导陪同下到马头山保护区调研，并召开座谈会，协商推进保护区科研综合楼建设启动问题，阎钢军厅长明确指示2014年7月10日必须正式开工建设，2015年7月10日投入使用。马头山自然保护区管理局筹建处和县马头山自然保护区管理办公室的同志们迅速落实阎厅长指示，各自利用人脉资源与中标方协调关系，通得共同努力，最终与中标方达成共识，按时开工建设，并于7月10日上午7:58分正式动工开挖基础。

　　在保证安全生产和工程质量的前提下加快工程进度，科研综合楼于2014年9月28日上午封顶，2015年6月底迁入办公。2015年7月10日上午，阎钢军厅长和有关厅领导以及市、县领导出席了竣工揭牌活动，马头山保护区管理局科研综合楼正式投入使用。随后召开了座谈会，会上阎钢军厅长代表省林业厅党组对马头山保护区筹建工作表示满意，给予肯定和表扬。

县质量管理站技术人员对混凝土强度进行检测和质量把关

科研综合楼封顶大吉　　　　　　　　　　　科研综合楼竣工揭牌活动

二、基层保护管理站业务用房建设

1.郑家保护管理站建设

　　郑家保护管理站位于资溪县马头山镇港东村马斜组，以装修抵租赁费方式，租赁港东村委会办公楼20年。该站占地面积1.5亩，建筑面积404平方米，附属面积58平方米，于2015年底前装修完毕，2016年元月1日正式进驻办公。辖区范围：东至福建省光泽县，南与昌坪保护管理站交界，西至港东村平地源、昌坪村江家村小组，北与贵溪市冷水林场和江西阳际峰国家级自然保护区接壤，辖区面积4.4万亩。辖区包括马斜、郑家、何家、平地源、祝家5个村小组。户籍人口约507人，常住人口约33人。

揭牌合影

办公室　　　　　　　接待室　　　　　　　餐 厅　　　　　　　客 房

2.东源保护管理站建设

东源保护管理站位于资溪县马头山镇山岭村东源组，2015年12月4日开工建设，2016年9月29日揭牌入驻。该站占地3.56亩*，建筑面积354平方米。辖区范围：东与昌坪保护管理站交界，南与双港口保护管理站交界，西至马头山村许家村组，北至马头山村，管辖面积3.3万亩。辖区包括东源、马头山、树山、塘边、笔架边、朱家、周家、油榨窠8个村小组。户籍人口约840人，常住人口约220人。

开工仪式

施工建设

揭牌合影

办公室

客房

餐厅

*1亩=0.0667公顷，全书同。

3. 双港口保护管理站建设

双港口保护管理站位于资溪县马头山镇斗垣行政村斗垣组，2015年12月8日开工建设，2016年10月18日揭牌入驻。该站占地面积1.48亩，建筑面积354平方米。辖区范围：东与昌坪保护管理站交界，南与福建省光泽县毗邻，西与大觉山景区交界，北与东源保护管理站交界，管辖面积5.5万亩。辖区包括斗垣村上王家山、营里、下王家山、店上、库前、石垅窟、刘家排。户籍人口约800人，常住人口约400人。

开工仪式

施工建设　　　　　　　　　　　　　揭牌合影

4.昌坪保护管理站建设

昌坪保护管理站位于资溪县马头山镇昌坪行政村油榨窠，2016年2月25日开工建设。该站占地面积1.36亩，建筑面积733平方米。该站建设历时10个月，于2016年12月22日揭牌入驻。昌坪管理站东南与福建省光泽县毗邻，西与东源、双港口管理站交界，北与郑家管理站和昌坪村江家村组接壤。辖区范围：东至观音尖，南至梨头尖，西至白沙坑，北至黄茅寨，管辖面积7.6万亩。辖区包括昌坪村白沙坑、周家、朱家、油榨窠、矮岭、竹延山、杨源、峰上、黄茅寨9个村小组。现有户籍人口约700人，常住人口约30人。

平整土地　　　　　　　　　　　　　　　楼面施工

开工合影

打地基

施工建设

揭牌

会议室

办公室

客房

食堂

三、危旧房改造异地新建项目建设

在省林业厅领导的关怀下，根据江西省住房和城乡建设厅、江西省发展和改革委员会、江西省财政厅联合下发的《关于下达2016年全省保障性安居工程建设工作计划的通知》（赣建保字〔2016〕2号）和《江西省林业厅关于转发〈关于下达2016年全省保障性安居工程建设工作计划的通知〉的通知》（赣林函字〔2016〕31号）文件精神，马头山保护区获批2016年危旧房改造异地新建项目任务指标28套。自任务下达后，局班子高度重视，切实将好事做好。一是争取到县委县政府支持，重新调整局址规划，每户建筑设计面积增加到130平方米。二是及时组建了危旧房建设领导小组和职工理事会，制定了工作实施方案和规章制度，把工作原则、工作流程、组织纪律一律公之于众，按规章制度办事，在阳光下操作。三是在确保建设安全和工程质量的前提下，积极推进工程实施进度。该项目于2016年7月27日正式开工建设，比省林业厅要求的8月底之前必须开工建设提前了一个多月时间，在不到4个月的时间里完成了主体工程建设，于11月16日封顶。五是做到公平、公正、公开分房。

开工合影

建设工地

危旧房异地新建楼

　　2016年12月13日，马头山保护区管理局举行危旧房改造异地新建项目抓阄分房大会。为确保分房顺利进行，分房前由职工理事会制定了详细的分房方案，多次征求职工意见。分房采取抓阄分房方式，分两轮进行。第一轮先按照预交第一批房款的顺序抓取顺序号，第二轮由住户按照抓取的顺序号依次抓取房号。抓阄过程在全体住户的监督下进行，全程进行了录像，做到了公平、公正、公开，整个抓阄分房工作非常顺利，职工对抓阄结果表示满意，没有任何异议。

危旧房建设分房大会

公平、公正分房

四、宣传警示牌建设

为扩大保护区宣传的覆盖面和影响力，我局立足实际，注重宣传先行，坚持上下联动，突出重点、特点、亮点，不断创新宣传机制，拓宽宣传渠道，扩大宣传范围。筹建期间，管理局精心设计和制作了70余块宣传牌，积极营造"保护生态、人人有责"的浓厚宣传氛围。将印有"进入林区，防火第一"、"请文明游玩，不乱扔垃圾"、"严格火种管控，严禁野外烧烤"、"建设生

态文明"等一类的宣传牌分别树立在保护区辖区内的交通要道旁，主要色调为红、白、蓝三色，如此搭配既富有明显的对比，让人一目了然，又通过红色字体给人以警醒、警钟长鸣，图文并茂、色彩鲜艳醒目，具有很强的视觉冲击力，给人清澈、安全感的同时契合生态保护主题，不仅能够提升保护区的影响力，还能使辖区内的群众、游客在潜移默化中受到深刻教育，更营造出浓厚的保护生态的宣传教育效果。

第三章　中央财政补助项目建设篇

　　管理局自2014年筹建以来，先后三次申报《中央财政林业国家级自然保护区补贴项目》，共获批准700万元用于保护区能力建设。

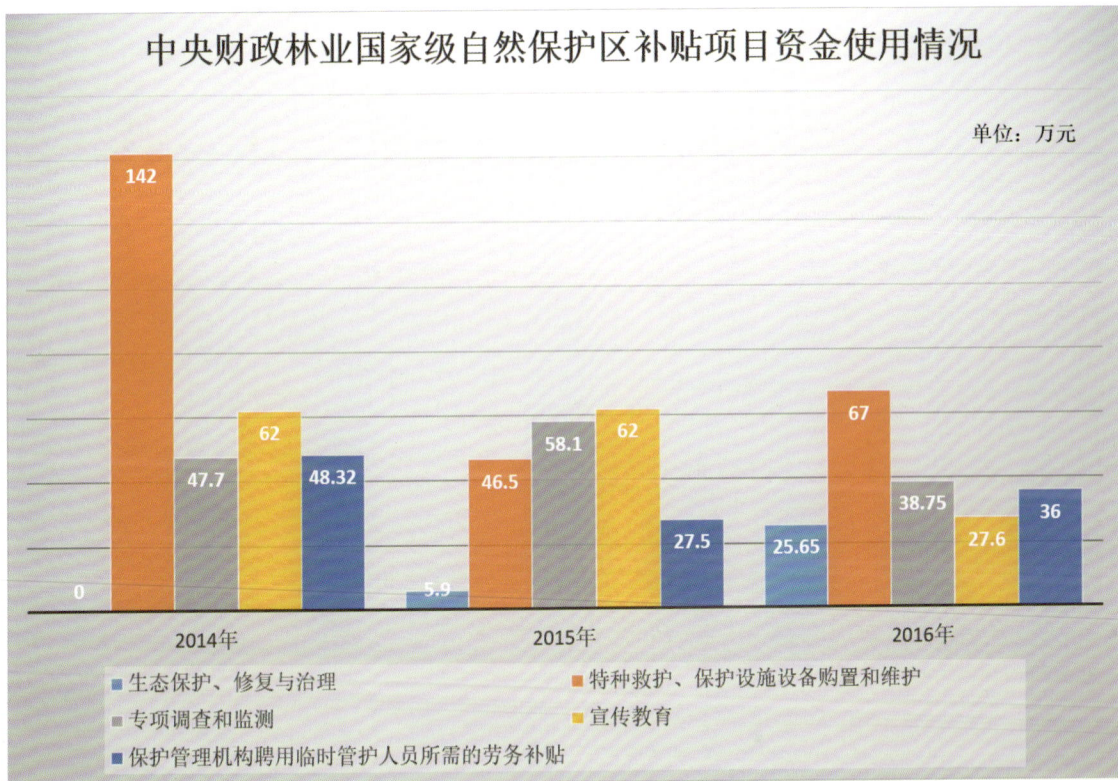

中央财政林业国家级自然保护区补贴项目资金使用情况

单位：万元

- 生态保护、修复与治理
- 特种救护、保护设施设备购置和维护
- 专项调查和监测
- 宣传教育
- 保护管理机构聘用临时管护人员所需的劳务补贴

　　● 一是2014年补助项目资金300万元，已完成了珍稀植物长叶榉种群专项调查和社会经济情况专项调查，并形成了长叶榉调查报告，印刷了《马头山保护区社会经济调查资料汇编》；完成了自动气象站的设备采购和安装入网监测；埋设了界桩、界碑、宣传牌；维修了防火道、巡护道路；举办了两次生态文明宣传和防火宣传活动；聘请了巡护人员，进一步健全了保护区的能力建设。

　　● 二是2015年补助项目资金为200万元，主要完成生态修复、电子监控、美毛含笑专项调查、水文站建设、对外宣传、科研调查、聘用巡护人员，完善了保护区的生态保护、科研监测、保护管理体系建设，提高了马头山保护区的科研水平，使民众的生态保护意识显著增强。

　　● 三是2016年补助项目资金200万元，主要完成裸露地生态恢复、采购无人机、建设巡护信息系统、建立禁区公路监控、珍稀植物调查、负氧离子实时监测发布、生态宣传、聘请巡护人员等工作，该项目正在组织实施之中。

一、生态保护、修复与治理

　　通过对保护区成立前因水电站开发而遭到破坏的地区进行生态修复，减少水土流失、地面裸露的情况，恢复生态系统的自我调节能力，使其向有序的正方向进行演化。马头山保护区采取人工播撒草籽的方式，在东源至昌坪路段道路两边播撒黑麦草种子75千克、狗牙根种子50千克、马尾松种子25千克，进一步扩大道路两边的绿化面积。为彻底改善通往保护区昌坪路段的道路安全状况，结束雨季山洪到来植被生长受影响和区内林农出行存在安全隐患的历史，2016年底开始对昌坪站生态修复工程进行勘测规划和前期准备工作。生态修复采取生态

与人工相结合的方式，在长约3千米的道路两边挖出宽1米、深度15厘米的水道，种植爬墙虎等藤本植物，覆盖裸露地，固定岩石，防止落石，恢复绿地面积。

二、特种救护、保护设施设备购置和维护

通过特种救护、保护设施设备购置和维护，推进资源保护设施建设，确保森林资源安全，提高保护区科研水平，从而更好的保护好区内宝贵的森林资源。目前，维修防火道16千米、巡护道路30千米；建设防火隔离带180亩；添置巡护摩托车8辆；建设半专业森林扑火队伍，添置扑火设备，预防森林火灾，保障日常的巡护方便；使用林区公路抓拍设备，在东源、昌坪、双港口3个保护区必经公路口各安装一套林区公路抓拍设备。

1、管理站治安监控安装

在中央财政项目支持下，局机关及4个保护管理站均安装了治安电子监控，对房前屋后实行24小时监控。在预防和打击犯罪，维护社会秩序，预防灾害事故和集体、个人财产损失等方面起到了非常积极的作用，同时对犯罪分子也有着强大的威慑作用。

2、巡护道、防火道维修

巡护道建设工作于2015年8月10日开工，对路面宽约1.8米，全长约30千米斗垣茶园至贺子石瞭望塔和昌坪横井桥头至龙井管理站两个被冲毁和坍塌的路段进行了全面修复，打通了10余年人迹罕至的巡护道路。项目建成后不仅提升了森林巡防护林作用，而且完善了保护区路网结构，2016年2月8日投入使用。建成后为林区建成了一条森林防火道路，有利于森林资源保护和生态环境建设，可以有效预防森林火灾发生。

矮岭至杨源路段新建巡护道路

维修前

维修后

矮岭至竹延山路段新建巡护道路

维修前

维修后

马斜至郑家路段巡护道路

维修前

维修后

维修前　　东源至矮岭路段防火道路　　维修后

维修前　　矮岭至龙井路段防火道路　　维修后

维修前　　斗垣至双港口路段防火道路　　维修后

维修前　　油榨窠至周家路段防火道路　　维修后

3、防火监控指挥中心及防火器材室建设

马头山保护区作为新成立单位，一直得到省林业厅领导及机关各处室和厅属各单位的大力支持和帮助。2016年上半年省防火办支持管理局风力灭火机、油锯等扑火装备，帮助组建了1支19人的半专业森林扑火队伍。2017年管理局制定了《半专业森林扑火队培训实施方案》，通过加强训练，打造了一支"召之即来、来之能战、战之速胜"的半专业化扑火队伍，随时服从保护区森林防火指挥部的安排，一旦发生火险，确保能在最短时间内到达火场，实现"打早、打小、打了"的目的。下半年在省防火办大力支持下，马头山保护区列入了《江西省森林防火视频监控系统建设项目》范围。4个基层保护站辖区内的4座山顶上分别安装了1台森林防火监控镜头，管理局机关建立了森林火灾监控中心，对森林资源进行全天候监控，一旦发生火灾，确保能在第一时间发现火情并及时处置。防火指挥中心具有远程控制功能，向指挥调度人员提供全面的、清晰的、可操作的、可录制、可回放的现场实时图像。监控管理指挥中心监控系统与省防火办连网。

4、执法服装配备

通过规范配置执法服装，有利于加强保护区干部队伍正规化和标识建设，提升干部执法的自信心和责任心，强化自我约束，规范执法行为，严肃执法作风和纪律，树立良好形象。执法服装包括春秋装2套、夏装2套、冬装1套、长袖衫2件、多功能服1件、领带2条、腰带1条以及肩章、臂章、领花、胸牌、胸号等。通过一年多来的实践，充分证明统一配置执法服装的必要性。

| 多功能服 | 夏　装 | 冬　装 | 春秋装 |

5、调查监测设备购置

为及时掌握保护区内野生动物的数量动态和生境状况，保护区从2015年11月开始，在白沙坑、百丈脊等地安装40台红外相机开展野生动物监测。2016年4月马头山保护区工作人员首次回收安放在辖区的红外触发相机的影像资料，红外相机拍摄到了猕猴、苏门羚、白鹇、黄麂等10几种珍稀野生动物在山间活动的照片和视频，这是马头山保护区首次利用红外相机拍摄野生动物活动踪迹。随后多次收取监控视频和图片，获取了丰富的野生动物影像资料。通过监测数据的积累，为逐步量化保护区内国家重点保护野生动物种群数量及分布范围等数据，建立和更新资源数据库以及制定保护区今后的建设和发展规划提供重要的科学依据。目前已经回收了3次影像资料，并形成了《马头山红外相机野生动物监测阶段性报告》。

三、专项调查和监测

2015年以来，马头山保护区先后开展了12次较大型科研调查活动，其中4次植物类、4次昆虫类、1次鸟类、2次野生动物类、1次两栖类科考调查。基本摸清了种子植物、苔藓和蕨类、鸟类、昆虫类、两栖类等的基本情况。植物类调查共采集种子植物标本900余号1800多份、苔藓和蕨类标本300余号近1000份；鸟类调查发现200余种，拍摄视频、图片近3000份；昆虫调查发现国家二级保护昆虫阳彩臂金龟、拉步甲以及金裳凤蝶、傲白蛱蝶、忘忧尾蛱蝶、迷蛱蝶等国家珍稀保护昆虫等，科考调查成果正在整理鉴定之中。

通过专项调查活动，使保护区干职工对区内的动植物资源有了更加直观和系统的了解，为保护野生动植物资源、建设生态宣教馆、开展公众生态教育、实现数字化保护区奠定了坚实的基础。

1. 科考调查

1 南昌大学在马头山保护区开展生物多样性调查（2015.7.24-28）

2 省林检局在马头山保护区开展昆虫资源补充调查（2015.9.11-16）

3 南昌大学在马头山开展生物多样性本底资源补充调查（2015.10.23-26）

4 南昌大学在马头山保护区开展鸟类资源补充调查（2015.11.2-4）

5 江西师范大学教授指导安装首批红外触发相机（2016.1.26）

6 补充安装红外触发相机（2016.3.25）

7 省林检局与马头山保护区合作开展昆虫多样性调查（2016.5.11-14）

8 马头山保护区开展第二次全国重点保护野生植物资源调查（2016.6.5-7）

9 省林检局与马头山保护区合作开展昆虫多样性调查（2016.8.5-11）

10 江西农业大学专家到马头山保护区开展野生植物资源调查（2016.8.30）

11 西北农林科技大学专家来马头山保护区开展昆虫调查研究（2016.8.31）

12 浙江丽水学院在马头山保护区开展两栖动物调查研究（2016.9.15-18）

2. 水文气象站建设

水文站负责观测及采集保护区小流域的水体信息。主要因子有：水位、流速、流量、水温、水pH值、水硬度、导电率等，监测稳定可靠、数据准确，设备安装方便、操作简单；气象站对保护区气象因子进行观测，观测因子有：空气温度、相对湿度、大气压、降水量、风速、风向、太阳能辐射和大气光合有效辐射、5层土壤温度和湿度、土壤导电率和盐分等。水文气象数据采集后通过物联网可在PC和移动终端在线查看或下载。

水文站

气象站

四、宣传教育

　　筹建期间精心组织，认真开展各项宣传活动，确保宣传深入人心。在马头山保护区筹建期间，虽然区内资源管护工作仍然由资溪县人民政府负责，但参加马头山保护区筹建的同志们始终牢记严格资源保护，确保生态安全的理念，每年都按照省林业厅的安排部署以及保护区实际情况，积极主动配合当地政府在马头山镇主要街道、村庄、中小学开展了《中华人民共和国野生动物保护法》、《中华人民共和国自然保护区条例》、《森林防火条例》、参照执行的《江西武夷山国家级自然保护区条例》等有关法律、法规以及每年4月"爱鸟周"，11月"野生动物保护宣传月"和重点防火期森林防火各专项重要宣传活动。

　　活动期间通过悬挂宣传标语、散发宣传资料、摆放宣传展板、出动宣传广播车和现场咨询解答等形式向群众传播生态文明理念，倡导保护生态良好风尚。尤其精心安排马头山保护区参照执行的《江西武夷山国家级自然保护区条例》宣传工作。此《条例》于2016年5月1日正式实施，管理局资源保护科从4月就制定宣传方案，组织人力、集中精力，大力宣传《条例》。一是在保护区周边村镇、中小学发放《条例》宣传手册500余份，悬挂宣传条幅5条，出动宣传车2辆，并进行了一次集中宣传，同时局机关及各保护管理站还制作了宣传展板；二是召集资溪县林业、环保、发改委、财政、交通、国土、城建、农业、水利、公安等21个相关职能部门的分管领导举办了贯彻《条例》宣讲会；三是邀请省林业厅政策法规处李俊文调研员授课，宣讲《条例》和林业相关法律、法规，进一步促进联保单位领导和职工学法、懂法，不断提升执法水平。

　　据统计，从2014年11月至2017年1月马头山保护区联合县直相关单位或独自开展各类宣传活动10次，共散发各种宣传资料近6000份、定制印有珍稀野生动植物和森林防火知识的中小学生作文及练习本2000册，印有马头山风光图片和保护条例及举报电话的单页日历年画2000份、发送宣传手机短信4000条、悬挂宣传横幅40条、摆放宣传展板42块、出动宣传车13次、到中小学校开展宣传活动5次。

1.宣传活动

1 开展野生动物保护宣传月活动（2014.11.13）

2 开展"爱鸟周"宣传活动（2015.4.1）

3 开展"森林防火"宣传活动（2015.10.26）

4 开展保护野生动物宣传月活动（2015.11.20）

5 开展森林防火"春季平安活动"（2016.3.18）

6 开展"爱鸟周"宣传活动（2016.4.1）

7 大力宣传参照执行的《江西武夷山国家级自然保护区条例》（2016.5.20）

8 开展森林防火宣传月活动（2016.10.30）

9 宣传新修订的《中华人民共和国野生动物保护法》（2017.1.15）

10 多形式抓好春节前后森林防火宣传（2017.1.22）

2.宣传材料制作与印发

据统计从2014年11月至2017年1月共印制各种宣传资料近6000份、印制有珍稀野生动植物和森林防火知识的中小学生作文及练习本各1000本，印制有马头山风光图片和保护条例及举报电话的单页日历年画2000份。

3.局网站建设

依托中国林业网平台建立马头山保护区网站，2016年2月，管理局门户网站顺利开通。管理局及时制定了《2016马头山保护区宣传工作要点及相关要求》并将信息任务分解到各科（室）站，确保局网站能够及时更新。到2016年12月底，马头山保护区在厅网站刊登政务信息38条，超额完成厅下达的信息报道任务。门户网成为保护区向社会宣传林业法律知识、森林资源保护、科学研究成果的重要途径。

4.生态宣教室建设

建立生态宣教室，可以最大限度的宣传生态保护理念，宣传环境保护意识，提高人们保护生态环境、保护自然、保护生物多样性、提升生态道德修养的意识，是构建人与自然和谐的窗口。管理局建设了青少年生态宣教室、生态展览馆，加大青少年科普教育。

5.标本馆建设

动植物标本馆的建立，有利于展示保护区内生物多样性及景观多样性，提升保护区内的建设促进保护区管护能力的提升；同时也是保护区对外交流的一张新名片、新亮点。馆内陈列有多种国内昆虫标本，其中有国家二级重点保护动物阳彩臂金龟、拉步甲以及金裳凤蝶、傲白蛱蝶、忘忧尾蛱蝶、迷蛱蝶等国家珍稀保护动物。本馆既是面向学生开展科普教育的理想课堂，也是广大教师和昆虫爱好者进行教学研究和艺术欣赏的合宜处所。

6.宣传片拍摄

　　为扩大保护区影响力，有效提升马头山保护区对外形象和当地群众的保护意识，保护区委托南昌瑞福长文化传媒有限公司制作形象宣传片。摄制组先后两次到马头山拍摄取景，并在双港口、东源、昌坪、郑家4个保护管理站及五台山、贺子石等地对保护区内的风光、居民生产生活情况进行了航拍取景。

五、保护管理机构聘用临时管护人员

为缓解保护管理机构建设初期人员缺乏的问题，管理局选聘了保护区内马头山镇所辖行政村原村组干部、马头山林场下岗工人共13人担任巡护人员，充实各站巡护力量，有效缓解保护站巡护人员紧张的局面，做到任务到人，责任到岗，全面管护好保护区的森林资源。

后勤生产

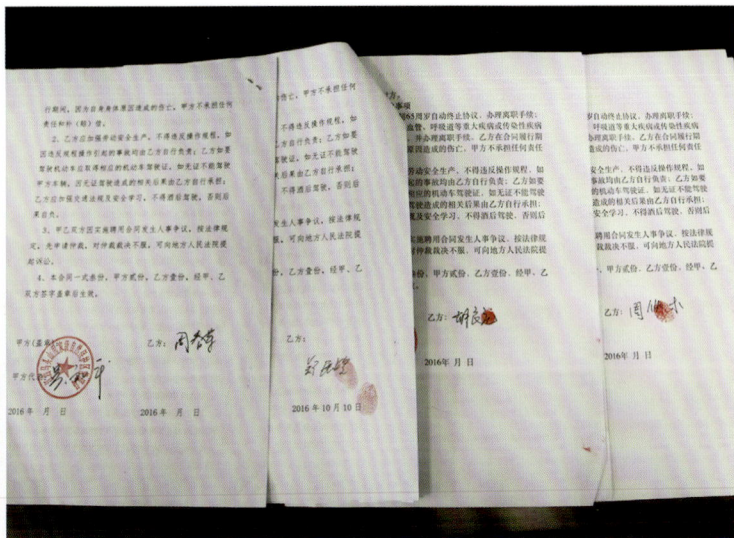

护林员聘用合同

日常巡护

第四章　内部规范管理篇

思路决定出路　细节决定成败　责任决定担当　操作决定落实

一、完善规章制度

　　管理局自筹建以来，始终遵循阎钢军厅长在2014年7月8日和2015年1月15日两次资溪现场会议上关于"一边抓好筹建工作，一边抓好规章制度建设，确保事业上去，干部安全"的嘱咐和指示，始终把制度建设作为工作的重中之重来抓。在参照其它保护区各项管理制度的同时，在实践中建立和完善人、财、物等方面的管理制度，做到了用制度管人、管物、管事。

　　2015年，制定了财务管理、后勤管理、公务接待、公车管理制度、考勤制度、请假制度等16个规章制度，编印了《马头山保护区管理制度汇编（一）》。2016年，根据工作实际，对《马头山保护区管理制度汇编（一）》进行了修订和完善，并在此基础上新增了《联保委工作职责》、《局机关、站指纹考勤管理制度》、《基层保护管理站规范化管理实施意见》、《基层保护管理站经费包干使用管理办法》、《实验区毛竹林经营利用审批及监管规程》等制度，2017年5月编印了《江西马头山国家级自然保护区管理局规章制度汇编》。

二、机构设置

2014年5月，省编办下发《江西省机构编制委员会办公室关于设立马头山和九岭山两个国家级自然保护区管理局的批复》（赣编办文〔2015〕50号），同意设立江西马头山国家级自然保护区管理局，为省林业厅所属正处级全额拨款事业单位；核定内设机构7个：办公室（森林防火办公室）、科研管理科、资源保护科、昌坪保护管理站、郑家保护管理站、东源保护管理站、双港口保护管理站。

筹建初期，由于人员短缺，资源保护科和科研管理科各挂点两个基层保护管理站，指导基层站点顺利完成前期的基础设施建设等工作。2017年1月5日，昌坪站举行揭牌仪式，至此，4个基层保护管理站全部完成业务用房建设并进驻办公。2017年2月23日，管理局下发《江西马头山保护区基层保护管理站规范化管理实施方案》（赣马保字〔2017〕9号），确定4个基层保护站业务归口资源保护科统一管理。

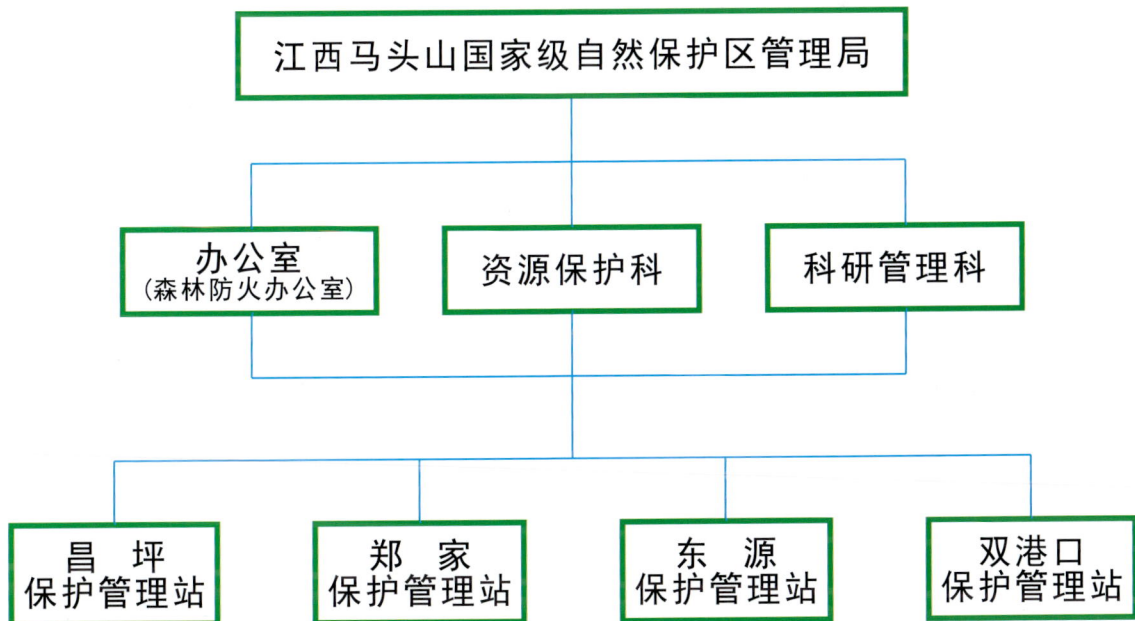

```
                 江西马头山国家级自然保护区管理局
                              │
        ┌─────────────────────┼─────────────────────┐
      办公室               资源保护科             科研管理科
  （森林防火办公室）
        │
  ┌──────────┬──────────┬──────────┐
 昌 坪      郑 家      东 源      双港口
保护管理站  保护管理站  保护管理站  保护管理站
```

三、人员选调与招聘

根据省编办批复的"三定"方案和省林业厅"三个三分之一"选招人员的基本原则,马头山保护区积极做好人员选调(招聘)工作,顺利完成了三批次共20人的选调和招聘工作。2014年,省林业厅派入2人;2015年从地方选调12人,招聘硕士研究生1人;2016年从地方选调1人,招聘研究生2人、招考退役大学生士兵2人。

选调与招聘人员基本情况一览表

姓名	调入时间	调入类型	原单位	备注
吴和平	2015.05	省林业厅派入	江西鄱阳湖国家级自然保护区	
罗晓敏	2015.07	省林业厅派入	江西定南野猪塘高速公路木材检查站	
刘学东	2015.01	地方选调	资溪县马头山国家级自然保护区管理办公室	
楼智明	2015.01	地方选调	资溪县马头山国家级自然保护区管理办公室	已调离
涂鸿文	2015.01	地方选调	资溪县马头山国家级自然保护区管理办公室	
龚景春	2015.01	地方选调	保护区管理办公室	
胡晓丽	2015.01	地方选调	资溪县非税征收管理局	
陈孝斌	2015.09	地方选调	资溪县农业开发办	
张建根	2015.09	地方选调	资溪县马头山镇政府	
邵湘林	2015.09	地方选调	资溪县马头山生态公益型林场	
魏浩华	2015.08	公开招考		研究生
石强	2015.09	地方选调	资溪县木材检查站	
李珺	2015.09	地方选调	资溪县会计管理核算中心	
饶亚卉	2015.09	地方选调	资溪县马头山镇政府	
卢颖颖	2015.09	地方选调	资溪县华南虎野化放归办	
孙培军	2016.09	地方选调	南丰县党史工作办公室	
曹影	2016.09	公开招考		研究生
熊宇	2016.09	公开招考		研究生
范少辉	2016.09	公开招考	抚州建伟建设质量工程管理站	退役大学生士兵
涂运健	2016.09	公开招考		退役大学生士兵

四、岗位设置与配备

根据省编办"三定"方案，马头山保护区核定全额拨款事业编制35名，其中处级1正4副，科级7正8副。目前管理局在编人员19人，其中处级1正3副，科级3正4副。

岗位设置及在岗人员一览表

部 门		岗位设置	编制数	在岗情况
局机关	局领导	1正4副	5	局　长：吴和平
				副局长：罗晓敏
				副局长：刘学东
				副局长：陈孝斌
				副局长：空缺
	办公室	主任1正2副，财务人员2人、办事员1人	6	主　任：张建根
				副主任：空缺
				副主任：空　缺
				会　计：胡晓丽
				出　纳：李珺
				办事员：饶亚卉
	资源保护科	科长1正1副，管理员2人	4	科　长：空　缺
				副科长：魏浩华
				管理员：曹影
				管理员：空缺
	科研管理科	科长1正1副，管理员2个	4	科　长：空　缺
				副科长：空　缺
				管理员：熊宇
				管理员：空　缺
基层保护管理站	昌坪保护管理站	站长1正1副、站员2人	4	站　长：邵湘林
				副站长：空　缺
				站　员：卢颖颖
				站　员：涂运健
	东源保护管理站	站长1正1副、站员2人	4	站　长：空　缺
				副站长：龚景春（主持工作）
				站　员：范少辉
				站　员：空缺
	双港口保护管理站	站长1正1副、站员2人	4	站　长：空　缺
				副站长：孙培军（主持工作）、石强
				站　员：空　缺
				站　员：空　缺
	郑家保护管理站	站长1正1副、站员2人	4	站　长：冷鸿文
				副站长：空　缺
				站　员：空　缺
				站　员：空　缺

聘用人员岗位设置及在岗人员一览表

部门		岗位设置	人数	在岗人员
局机关	办公室	档案及收发管理员	6人	蔡巧燕
		固定资产及标本管理员		张蓉
		司机兼食堂管理员		龚玮璘
		厨师		项建仁
		后勤		黄淑婷
		门卫		罗国平
基层保护管理站	昌坪保护管理站	护林员	3人	周春荣
				周新荣
		后勤		吴秀珠
	东源保护管理站	护林员	1人	龚仕君
	双港口保护管理站	护林员	1人	郑民煌
	郑家保护管理站	护林员	2人	胡良元
				周伙木

五、党组织建设

在省林业厅直属机关党委的关心和支持下，马头山保护区于2015年1月获批成立中共江西马头山国家级自然保护区管理局支部委员会，设支委5名。同年6月通过选举产生了党支部班子，其中吴和平同志担任支部书记，罗晓敏同志担任组织委员，刘学东同志担任纪检委员，楼智明同志担任宣传委员。2015年12月，经支委会研究并报厅直机关党委同意，增补陈孝斌同志为支委委员。2017年2月，因原支委委员楼智明调离单位，经支委会研究并报厅直机关党委同意，增补张建根同志为支委委员。截止2017年4月，马头山保护党支部共有正式党员16人，预备党员0人，入党积极分子1人。

中共江西省林业厅直属机关委员会

赣林直党字〔2015〕4号

关于同意成立江西马头山国家级自然保护区管理局党支部的批复

江西马头山国家级自然保护区管理局：

报来《关于申请成立中共江西马头山国家级自然保护区管理局党支部的报告》收悉。经厅直机关党委会议研究，同意你局成立江西马头山国家级自然保护区管理局党支部。特此批复。

省林业厅直属机关党委
2015年元月23日

2016年7月26日，党支部召开支委会议，专题研究"两学一做"学习教育实施方案和时间安排。

筹建期间，局党政主要负责人对党建工作特别重视，在党支委未获批复前，把党的工作前置，制订党建工作年度计划。党支部成立后，始终按规定坚持"三会一课"这项党组织生活基本制度，坚持每季度至少召开一次支部大会，每月至少召开一次支委会议，不断加强党员的教育和管理。同时，党支部书记吴和平同志积极发挥带头作用，以《自觉践行"三严三实"要求，做忠诚、规矩、干净、敢担当的自然保护事业好干部》、《坚定理想信念 严格履行职责 忠诚党的自然保护事业》、《学习解读党章、党规》等为题，多次为全体党员上党课。

2016年12月8日，党支部召开支部大会，听取入党考察培养对象李珺同志思想汇报。

2017年2月10日，党支部召开支部大会，推荐增补张建根同志为支委委员。

作为新成立单位，马头山保护区坚持一手抓筹建，一手抓基层党组织建设，在出色完成基础设施建设的同时，还讲求实效地开展了"三严三实"和"两学一做"专题教育。2015年，局党支部围绕"严以修身、严以律己、严以用权"为主题开展了专题学习和讨论，以深查"不严不实"问题为重点召开了专题民主生活会，在全局开展了"三严三实"专题教育活动。同时还开展了"两条例一准则"的教育学习。2016年，根据省林业厅党组统一安排部署，在全局开展"两学一做"学习教育，召开动员部署会，主要领导作了动员讲话，书记和支委委员轮流讲党课，并要求党员高度重视，认真对待，做到统筹兼顾，以问题为导向，深挖思想根源，查摆整改问题，提升党员修养，发挥党组织凝聚力、战斗力和党员先锋模范作用，力求学习教育达到最佳效果。

- 制定下发专题教育实施方案和学习计划，明确学习教育内容，细化任务。
- 每次专题教育都安排支委为党员上党课，并针对每个专题，组织2名党员进行专题讨论发言。

"两学一做"专题讨论会

● 专题教育期间，组织全体党员到资溪廉政教育基地参观学习；组织全体党员赴井冈山、瑞金、资溪中央苏区纪念馆等地接受红色革命传统教育。

● 积极开好专题组织生活会，根据学习教育的具体要求，认真查找党员队伍中存在的突出问题，并提出整改措施，制定整改计划，跟踪整改效果。

在开展好专题教育的同时，马头山保护区党支部还坚持"八项规定"和党风廉政建设不放松，把规矩和纪律挺在前面，做到了事业发展，干部安全。

在主体责任落实方面，从根本上落实"两个主体责任"，党支部书记与各科（室）站负责人签订党风廉政建设责任书，确保党风廉政建设责任制的有效落实。

党支部书记与各科（室）站负责人签订党风廉政建设责任书

在教育管理方面，经常性地采取以会代训方式，教育全局干职工把心思和精力用在干事创业上，用在谋划发展上；邀请专家为党员干部授课，学习"两条例一准则"等法规文件，强化政治纪律、组织纪律和工作纪律；积极开展警示教育专题活动，组织党员干部观看《"蝇贪"之害》及《苏荣"造绿工程"警示录》等警示教育宣传片。

邀请专家为党员干部授课，学习"两条例一准则"等法规文件

组织党员干部观看《"蝇贪"之害》及《苏荣"造绿工程"警示录》等警示教育宣传片

严格执行"三不"要求

不吃（承包老板）一餐饭，不抽一包烟，不拿一分钱

在基础设施建设方面，严格执行阎钢军厅长"三不"要求，（即不吃（承包老板）一餐饭，不抽一包烟，不拿一分钱，妥善处理了与施工方的关系，坚持了"严"字当头，履行了监督责任，做到了干净做事。

在公务接待方面，接待用餐统一在食堂安排，并实行登记批准制度。及时传达学习了省纪委《关于重申严禁党员干部出入私人会所、违规接受吃请纪律的通知》，以及有关陈阳霞、程子亮违规吃请的通报等，严禁同城吃请，要求党员干部外出吃饭要三思，先行"三问"：一问谁请吃？公款吃饭不能去！二问在哪里请吃？私人会所和豪华宾馆不能去！三问与什么人在一起请吃？同学老乡战友聚餐不要去！通过"三问"再行"三思"，确保不违反"八项规定"精神。

党员干部外出吃饭要三思

先行"三问"

一问谁请吃？公款吃饭不能去！

二问在哪里请吃？私人会所和豪华宾馆不能去！

三问与什么人在一起请吃？同学老乡战友聚餐不要去！

六、工会组织建设

根据省林业厅直属机关工会委员会《关于同意成立马头山国家级自然保护区管理局工会委员会的批复》（赣林直工字〔2015〕18号）文件精神，马头山保护区工会于2015年10月正式成立，罗晓敏任工会第一届第一任主席，张建根任组织、宣传委员，胡晓丽任财经委员，饶亚卉任女职工委员，龚玮璘任文体生活委员。2017年2月，由于局领导分工调整，工会召开会员大会，改选陈孝斌为第一届第二任工会主席。

工会成立以来，组建了管理局篮球、羽毛球、乒乓球队，丰富职工文化娱乐生活。2015年，工会组织干部职工考察省茶桑研究所、鄱阳湖保护区、鄱阳湖湿地、庐山保护区及武汉第一届国家森林公园展览。2016年7月，工会开展纪念建党95周年活动，组织全体党员赴井冈山等地参观学习，接受红色革命传统教育。2017年3月8日，工会组织"迎三八妇女节"，参观学习资溪县下张第一党支部活动。

马头山保护区管理局工会成立大会

2017年2月召开工会改选大会，选举陈孝斌同志为新一任工会主席

组织干部职工考察学习

红色革命传统教育

参观资溪县下张第一党支部

第五章　社区共建共管篇

　　保护区筹建以来，资溪县委县政府自始至终关心支持保护区的建设，支持保护区人员选调和资源管理工作，合作关系较好，得到省林业厅领导的充分肯定。管理局在筹建过程中，一方面坚持独立处理事务，在过渡中稳妥处理好与地方的利益关系，争取地方支持，稳步推进筹建工作；另一方面，尽力支持地方建设和发展。

一、精准扶贫

　　管理局针对贫困区域环境、林农贫困状况，多项措施并举，实施精准扶贫。精准扶贫对象为马头山镇昌坪村贫困户，并承担资溪县安排在保护区内昌坪村"四进四联四帮"和精准脱贫工作。每年春节来临之际，组织开展"新年送温暖"走访慰问活动，给贫困户送米、面、油等生活用品及慰问金，表达一份祝福和关爱，同时鼓励他们要抓住机会自力更生，争取早日脱贫走上致富的道路。受慰问的困难群众纷纷表示，希望通过大家的帮助和自己的努力脱贫，争取用最短的时间甩掉贫困的"帽了"。2015、2016年共慰问困难户、孤寡老人、省劳模50余人次。目前已完成1户4人的毛竹产业精准脱贫任务。

二、生物防火林带建设

　　根据《江西省林业厅关于切实抓好2016年生物防火林带建设工作的通知》（赣林火字（2016）128号）批准马头山保护区2016年度建设生物防火林带300亩，补助经费30万元。管理局根据文件精神，组织人员到实地勘察设计，于2016年7月15日编制了《马头山保护区生物防火林带建设作业设计方案》，报省防火办同意备案。随后，管理局立即在马头山保护区内的马头山行政村马头山、树山、塘边三个村民小组落实项目建设地块(均为村边、路边、山脚边的多年撂荒地)180亩用于种植杨梅、木荷、油茶防火林带，并与村委、村民签订了20年项目建设协议。目前该项目已完成了整地、调苗、栽种、抚育等工作。

　　2017年管理局将大力推进生物防火林带工程建设，更好地构筑生物阻隔带与自然阻隔带相结合的林火阻隔网络。主要以村边、路边、山脚边的多年撂荒地为主，种植既可防火又可为林农创收的树种，以便更好的提高林农防火意识以及提高林农对种植防火林带的主动性和积极性，有效控制森林火灾的危害，促进人与自然的和谐相处。

三、执法整治专项行动

根据《马头山国家级自然保护区建设项目领导小组会议纪要》精神，筹建期间马头山保护区森林资源保护管理工作由县政府负责，实行属地管理。为防止筹建期间保护区内森林资源管护出现"空档"，加强区内森林资源的保护工作，严厉打击各类破坏森林和野生动物资源的违法行为，确保生态安全，保护区多次开展执法整治专项行动，取得了明显成效。

马头山保护区召开"执法整治专项行动"工作布置会

1、开展保护区执法整治专项行动　针对筹建期间区内发现少数乱砍毛竹、乱采珍稀植物种子等破坏森林资源的现象，为防止其扩大蔓延，确保生态安全，管理局主动协商资溪县人民政府从2016年1月至4月联合开展执法整治专项行动。

开展联合执法检查

开展联合执法检查

签订保护野生动物责任状

为确保执法整治专项行动顺利开展，制定了《江西马头山国家级自然保护区开展执法整治专项行动实施方案》。

一是成立领导机构：专项行动由资溪县人民政府负责，县林业局、马头山保护区管理局、县森林公安局、县市场监督管理局、马头山镇政府、马头山林场参与。县政府副县长傅武彪任组长，何涛清、刘学东、詹晓武、曹洁德、饶文发、黄福平任副组长，各单位分管领导为成员。办公室设在马头山保护区管理局，刘学东兼任办公室主任，负责协调落实专项行动，处理日常事务等。

二是明确专项行动范围及重点：专项行动范围为马头山国家级自然保护区区域，以及周边农贸市场、餐馆、酒店和野生动物养殖场所。重点是全面清查整治保护区内违法砍伐毛竹、采摘珍稀植物种子等违法行为；打击毁坏林地行为；全面清查宾馆、酒店、集贸市场，以及野生动物驯养繁殖场所非法收购、经营野生动物行为；打击采用猎枪、铁夹、绳套等工具猎杀野生动物的行为；整治违规野外用火行为；规范区内水电站架线清砍通道行为。

三是行动部署及安排：专项行动分动员部署、全面整治、总结巩固三个阶段进行。在开展整治活动中，保护区管理局等单位多次配合县森林公安到保护区内开展执法检查，通过检查和群众举报，及时处理了昌坪村矮岭小组村民李某挖鱼塘拟开办含有野外烧烤内容的农家乐旅游项目建设行为；昌坪村毛竹租赁大户褚某未办手续雇人进行毛竹砍伐行为；江西建农生态农业有限公司未履行相关建设报批手续，擅自在实验区内昌坪村周家滩用挖机破土准备新建门楼及乱采砂石，游客野外烧烤等违规行为。针对保护区内存在的林农无序经营利用毛竹现象，研究制定了临时过渡性管理办法，并印发通告50份张贴在区内各村小组。在开展整治活动期间还紧密结合了江西省部署开展的以"打造森林防火平安季，共创生态文明示范区"为主题的平安春季行动和我省第35届"爱鸟周"活动，深入农贸市场、社区、学校，进村入户进行宣传，共出动宣传车4辆、发放宣传资料3000余份、悬挂条幅11条、发手机短信10000条。为保证不经营野生动物，市场管理员与马头山镇20余户个体工商户和餐馆业主签订了保护野生动物责任状。经过严格执法整治，确保了保护区内森林资源安全。

2、依法依规及时查处昌坪村杨源、周家村小组违规修路毁林案　　2016年10月20日，管理局接省林业厅詹春森巡视员签批的《情况反映》，反映区内昌坪村杨源、周家两村小组部分村民违规修路毁林信访件后，局主要领导高度重视，立即召集相关人员专题研究并立即成立了由管理局副局长罗晓敏为组长、资源保护科、局办公室及昌坪管理站等人员组成的5人专门调查组，通过对修路等现场进行了认真勘测、记录、拍照并对当事人进行了询问，形成了调查汇报材料，同时将案件及时移交给县森林公安局依法处理，有力地打击了破坏森林资源行为。

江西马头山国家级自然保护区管理局

马保函字〔2016〕5号

**关于要求责令昌坪行政村周家组
停止新开挖公路、停止破坏林木林地，
等候处理的函**

资溪县马头山镇人民政府：

　　我局接到贵镇昌坪村村民有关昌坪村周家组挖断林区公路、破坏林木的举报后，派人于2016年9月24日上午到位于马头山保护区实验区内昌坪村周家组现场，调查发现周家组在新开挖现林区公路至周家村组的公路，是一起涉及破坏保护区林地毁坏林木事件，我局工作人员在昌坪村油榨窠找到昌坪村周友龙主任，要求其立即通知停止开挖公路等候处理的意见，但没有得到应付。

　　现根据《中华人民共和国自然保护区条例》第二十六条"禁止在自然保护区内进行砍伐、放牧、狩猎、捕捞、采药、开垦、烧荒、开矿、采石、挖沙等活动"，以及《江西武夷山国家级自然保护区条例》第二十二条有关禁止在自然保护区内"非法开垦、开矿、采石、挖沙、取土、占地"、第二十四条加强"自然保护内森林、林木、林地的保护管理"之规定，以及第四十二条"本省的马头山、九连山、官山、九岭山国家级自然保护区，可以参照

3、大力开展清理铁夹、绳套等危害野生动物工具行动　　2016年11月，马头山保护区结合野生动物保护宣传月开展为期6个月的山场清理铁夹、绳套等危害野生动物工具行动。为确保清理工作顺利进行，并富有成效，制定了"行动方案"，明确领导挂点、科室参与、各管理站具体负责的目标要求，统一时间上山清理，全面开展区域摸底排查，在山上从源头上消除危害野生动物安全的各类隐患。联合县市场监督管理局、县野保局、马头山镇政府及马头山森林派出所等有关执法部门，在山下对保护区周边餐馆饭店、集贸市场以及野生动物驯养繁殖场所进行清理，依法打击非法猎杀、收购、运输、藏匿、出售野生动物及其制品的各类违法犯罪行为，确保区内野生动物的生存安全。

清理铁夹

联合开展保护野生动物执法检查

四、加入闽浙赣联防区

2015年12月11日，闽浙赣毗连地区护林联防委员会第五联防区第四十九次会议在资溪县召开。会议上，马头山保护区提出申请加入闽浙赣三省护林联防组织，获得委员会的一致通过。马头山保护区加入闽浙赣护林联防委员会，可以利用联防区信息平台，加强联防联治，进一步确保森林资源安全，更好地预防和杜绝森林火灾的发生，对保护区的森林资源保护工作有着重要的意义。

2016年底被评为联防工作先进单位

五、成立联保委

联保委成立大会

2016年初，管理局经过全程走访和多方位、多渠道与毗邻单位沟通，2017年1月5日召集毗邻两省（江西省和福建省）、一市（贵溪市）、两县（资溪县和光泽县）、两乡镇、五个国有林场及阳际峰保护区等单位召开了联保委成立大会，大会通过了《江西马头山保护区联合保护委员会章程》，表决通过了联保委及其办公室组成人员预备名单，成立联保委领导机构，省林业厅巡视员詹春森兼任主任，朱云贵、吴和平、蔡林生、祝卫福兼任副主任，参与单位主要负责人为联保委委员，并布置了工作任务。3月30日，马头山保护区联合保护委员会召开2017年第一次办公室成员会议。会上，联保委成员单位代表审议并签订了《联合保护公约》，讨论通过了《工作实施方案》，并在马头山镇中心小学联合举办了2017年"爱鸟周"宣传活动，联保委工作自此步入了正常轨道。

六、资源交接

2016年12月22日上午，在马头山保护区管理局会议室召开了马头山保护区森林资源保护管理交接会议。省林业厅詹春森巡视员出席会议并讲话，江西省野生动植物保护管理局、抚州市林业局、资溪县政府、马头山保护区管理局等单位主要负责人参加了会议。

会上，马头山保护区管理局全面汇报了筹建以来的工作情况，资溪县政府与马头山保护区管理局主要负责人举行了马头山保护区森林资源交接协议签字仪式。

詹春森在讲话中充分肯定了马头山保护区筹建以来所做的工作，认为马头山保护区筹建工作能够取得较好成绩，是厅党组高度重视，资溪县委县政府大力支持的结果，协议能够顺利签订，是双方充分沟通商议的结果。詹春森对交接后的工作提出要求：一是双方要切实遵照协议执行；二是对资溪县提出要按照法律法规规定，履行好森林防火、病虫害防治职责，继续支持配合保护区建设，为保护区发展提供支持，配合保护区开展好专项整治行动等六点希望；对保护区管理局提出加强森林资源管护，主动融入地方工作，争取地方政府支持、依法依规处理保护与利用关系等六点要求。

马头山保护区资源交接会议

交接协议签字仪式

七、社区共建

2016年8月，保护区发挥林业专业特长，邀请江西农业大学裘利洪教授指导调查资溪县陈坊村古树名木，并支持地方树木挂牌和树立大型宣传牌，调查报告得到县委主要领导的赞赏。2016年10月，资溪县委主要负责人交办保护区完成"提升县域绿化，建设生态文化"的专题调研，为县域生态文明建设提出好的

八、界碑界桩埋设

为顺利全面接管马头山保护区森林资源管护工作，进一步加强区内森林资源的保护管理，明确"三区"界线和管护责任。马头山保护区联合县政府开展部署保护区"三区"界线勘定工作。为做好保护区外围勘界工作，资溪县抽调了县林业局、马头山镇、马头山林场专业技术人员与保护区专业技术人员负责保护区勘界工作，经过前后两个月的实地勘察，全面完成了马头山保护区外围边界线（除闽赣省界线外）的勘定工作。根据勘界技术人员GPS和图纸与山场实地核实，确定了外围边界线界桩横纵坐标点，并埋设边界线界桩33个。勘界成果经县、镇（场）、村主要负责人签字盖章后，作为历史档案保存。

九、风景林改造

为全面提升保护区森林景观水平和森林质量，积极配合地方政府开展好全域旅游，2016年保护区管理局向省林业厅争取了2个省级乡村风景林示范村建设点，由资溪县林业局负责实施。围绕改善农村居住环境，建设美丽乡村的目标，按照建设村容秀美、处处有景的总体思路，以原有乔木、灌木为主，补植红豆杉、杜英、竹柏等树种，逐步打造以古树休闲观光为主的马头山镇山岭村东源组、马头山镇港东村马斜组风景林示范村。

第六章 领导关怀篇

　　马头山保护区从零开始，一路走来凝聚着省林业厅和各级领导的关怀和厚爱，激励着管理局干职工努力拼搏、扎实工作。省林业厅厅长阎钢军在保护区筹建期间，先后4次到现场视察、调研，帮助保护区解决筹建中出现的困难和问题，这种精神非常感人。种子从萌芽破土到茁壮成长，一定不会忘记曾经滋养它的阳光和雨露。保护区正是怀抱着这样一份"感恩之心"，向社会各级领导、各级管理部门郑重地道一声"衷心感谢"！一幅幅图片，串成一道历史的轨迹，让我们回味那些不平凡的岁月，铭记各位领导在马头山保护区管理局成长过程中给予的支持与关爱！

●2014年7月8日，省林业厅厅长阎钢军、副厅长詹春森在抚州市人民政府副市长魏建新、市林业局局长帅歌柳，资溪县委书记徐国义、县长彭映梅，江西省野生动植物保护局局长朱云贵等人陪同下视察管理局科研综合楼建设工地。

阎钢军厅长现场察看科研综合楼建设情况

厅领导到管理局临时租用办公楼看望干部职工

召开项目建设领导小组第一次会议，推进马头山保护区筹建工作

阎钢军厅长在项目建设领导小组会议上讲话

● 2014年9月1日，省林业厅副厅长罗勤在江西省野生动植物保护局局长朱云贵、厅人教处副处长赵志刚、资溪县副县长傅武彪陪同下，到管理局调研人事工作、视察科研综合楼施工现场。

罗勤副厅长视察科研综合楼建设工地

罗勤副厅长深入基层了解管理站选址情况

●2014年9月11日，管理局召开职工大会，省林业厅副巡视员、人教处处长钟明代表厅党组宣布吴和平同志任江西马头山国家级自然保护区管理局局长，县委组织部、县林业局领导参加了会议。

钟明副巡视员宣布任命

钟明副巡视员到科研综合楼施工现场视察

●2015年1月15日，省林业厅厅长阎钢军在抚州市政府副市长魏建新、省林业厅总工胡跃进、市林业局局长帅歌柳、调研员傅明以及资溪县委书记徐国义、副书记胡宝钦、县政府副县长傅武彪和省林业厅改革处、省野生动物保护管理局、省种苗局负责人的陪同下，视察了管理局科研综合楼建设情况。

厅领导视察科研综合楼建设情况

阎钢军厅长听取建设情况汇报

召开项目领导小组第二次会议，明确了在筹建期间保护区森林资源保护工作仍然由资溪县人民政府负责

阎钢军厅长在座谈会上作重要指示

● 2015年1月29日，省纪委驻省林业厅纪检组组长李晓浩带领厅年度考核组考核马头山保护区2014年工作，并到现场视察科研综合楼建设情况。

李晓浩组长视察科研综合楼建设情况

听取建设情况汇报

● 2015年3月11日，资溪县委书记徐国义、县政协主席万鸣、副主席吴开发、县政府副县长傅武彪带领县国土、林业、信用联社、大觉山公司负责人在管理局会议室座谈，商讨如何支持自然保护事业,并到建设工地调研。

县领导察看科研综合楼建设情况

● 2015年4月22日，国家林业局保护司巡视员孟沙一行5人在省森林公安局政委钟世富陪同下，到资溪县调研生态保护领导离任责任审计工作，并专程到管理局科研综合楼工地现场视察，对保护区筹建工作给予赞赏。

孟沙巡视员视察科研综合楼工地现场

座谈会上孟沙巡视员点评保护区管理局保护工作

● 2015年6月26日，省林业厅副巡视员毛赣华在调研抚州国有林场改革工作后，专程到资溪县看望保护区职工，视察管理局科研综合楼，听取保护区负责人汇报，对保护区筹建一年的工作给予了充分肯定。

毛赣华副巡视员视察科研综合楼装修情况

听取筹建工作汇报

● 2015年7月9日下午，省林业厅厅长阎钢军在抚州市人民政府副市长魏建新的陪同下，现场察看东源、昌坪、双港口三个站的选址情况

阎钢军厅长察看基层站点选址情况

● 2015年7月10日，上午8:58举行科研综合楼揭牌仪式，仪式由省野生动植物保护管理局局长朱云贵主持，管理局局长吴和平致欢迎辞。省林业厅厅长阎钢军，副厅长詹春森、罗勤、邱水文，副巡视员钟明；抚州市副市长魏建新、市林业局局长帅歌柳；资溪县委书记徐国义、县人大常委会主任李莉华、县政协主席万鸣等出席揭牌仪式并合影留念，随后在大厅观看《欣欣生趣马头山》宣传片、参观科研综合楼。随后在二楼会议室召开马头山保护区森林资源保护管理工作座谈会。

科研综合楼揭牌仪式

揭牌仪式后合影留念

阎钢军厅长与魏建新副市长交流自然保护工作

召开马头山保护区森林资源保护管理工作座谈会

● 2015年7月15日，省林检局局长沈彩周、副局长罗俊根一行专程到马头山保护区商谈昆虫、大型真菌调查工作，同意合作调查并给予项目资金支持。

● 2015年8月22—23日，国家林业局驻福州专员办专员尹刚强一行到马头山保护区调研保护管理工作，省林业厅副厅长詹春森、抚州市副市长魏建新以及省野生动植物保护管理局、抚州市林业局、资溪县人民政府主要领导陪同。

● 2015年8月23日，省森林公安局政委钟世富一行到管理局视察，对科研综合楼快速建成给予高度评价。

钟世富政委视察科研综合楼

观看保护区宣传片

● 2015年8月26日，环保部安排以中国科学院动物研究所宋延龄研究员为组长的专家组对马头山保护区进行管理工作评估。专家组深入到东源、昌坪站了解保护区管理工作和森林资源保护情况，并召开评估会议。最后专家组评定87分，列为优秀行列。

专家组在鹰嘴岩实地查看保护区森林资源保护情况

召开马头山保护区管理工作评估会议

● 2015年12月28日，省林业厅副巡视员钟明、人教处副处长黄祖常代表厅党组宣布罗晓敏同志任江西马头山国家级自然保护区管理局副局长，并到4个保护管理站调研。对郑家站建设表示满意，对还在建设中的其他站给予肯定。

钟明副巡视员在基层站点调研

宣布人事任命

● 2016年1月18日省林业厅副厅长罗勤率厅考核组到管理局考核2015年度工作情况，吴和平局长用PPT进行了汇报。

召开马头山保护区2015年度考核工作会议

罗勤副厅长对保护区2015年度工作进行点评

● 2016年5月30日，省林业厅阎钢军厅长带领赴南非考察华南虎人员到资溪县九龙湖现场考察接收南非华南虎野化工地建设情况后，31日到马头山保护区管理局考察机关院内绿化、扑火物资贮存、标本制作以及管理局运行情况。

阎钢军厅长视察局机关院内绿化

扫描植物二维码识别树种

召开马头山保护区筹建及运行工作汇报会

阎钢军厅长作重要指示

● 2016年10月26—27日，省编办主任傅世平、副主任廖涛在省林业厅巡视员詹春森、副巡视员钟明及厅人教处、省野生动植物保护管理局负责人陪同下，专程调研保护区编制工作。

傅世平主任在昌坪站调研

听取保护区工作汇报

● 2016年11月3—4日，省纪委驻省林业厅纪检组组长赵国在省林业厅直属机关党委专职副书记郭伟、主任科员胡晓昱陪同下，到保护区管理局调研。赵国组长听取了吴和平局长汇报，并到基层站点视察，对保护区筹建期间资源保护工作给予肯定，称赞保护区党风廉政建设工作做得细、有特点。

赵国组长在昌坪站调研

听取保护区筹建及党风廉政建设工作情况汇报

● 2017年1月5日上午，"两省一市两县九（乡、镇、场、区）"在马头山保护区管理局召开联合保护委员会成立大会，毗邻单位派出40余人参加会议。

召开马头山保护区联合保护委员会成立大会

詹春森巡视员作重要讲话

● 2017年1月5日下午，省林业厅巡视员詹春森率厅考核组到管理局考核2016年度综合工作。听取了吴和平局长的工作汇报，进行了民主测评、个别谈话，考核组对管理局全年工作给予肯定。

马头山保护区2016年度综合工作考核会

詹春森巡视员代表省林业厅送上慰问金

● 2017年1月17日，省林业厅副厅长罗勤、副巡视员钟明和厅人教处处长俞东波代表林业厅党组宣布刘学东、陈孝斌任江西马头山国家级自然保护区管理局副局长。

罗勤副厅长、钟明副巡视员到保护区管理局宣布人事任命

● 2017年6月6-8日，资溪县委书记吴建华陪同省人大常委会副主任龚建华率领的立法质量评价工作组深入马头山保护区，对管理局参照执行《江西武夷山国家级自然保护区条例》情况进行调研。

吴建华书记陪同省人大常委会副主任龚建华深入保护区调研

听取保护区工作汇报

● 2016年12月22日，资溪县长黄智迅、副县长祝卫福及县林业局、县森林公安、马头山镇、马头山林场负责人参加马头山保护区资源交接大会。

黄智迅县长参加马头山保护区资源交接大会

黄智迅县长在资源交接会议上讲话

● 2017年2月15日，资溪县人大主任王锋一行到昌坪站指导工作。管理局负责人吴和平向王锋介绍了昌坪站自筹建以来在资源保护、森林防火、科研监测、公众教育、社区共建、道路维护和环境卫生整治等方面所做的工作。

王锋主任实地察看昌坪保护管理站周边保护植物

王锋主任与保护区同志探讨自然保护工作

● 2016年12月2日，资溪县政协主席万鸣率县政协专题调研组一行就自然保护区建设和管理工作来到马头山保护区管理局开展专题调研活动。

万鸣主席深入保护区实地调研

召开座谈会探讨地方政府如何支持保护区建设

第七章　职工风采篇

在艰苦的筹建岁月中，在人少事多的情况下，全体参与筹建的同志都克己奉公、兢兢业业，无论是在编在岗职工、还是临时聘用人员，在不同岗位上尽显个人风采，同时也涌现出一批"责任、敬业、上进"的典范。

一、敬业

吴 和 平
局　长

吴和平，男，汉族，1962年1月生，江西高安人。1982年9月参加工作，1984年1月加入中国共产党，大学本科学历。现任江西马头山国家级自然保护区管理局局长、党支部书记、副高级工程师。

1982年9月至1995年12月分别任江西省官山自然保护区管理处办事员、副科长、科长；1996年1月至2003年3月任江西省官山自然保护区管理处副处长；2003年4月至2006年2月任江西省官山自然保护区管理处处长；2006年3月至2008年11月任江西桃红岭梅花鹿国家级自然保护区管理局局长；2008年12月至2014年8月任江西鄱阳湖国家级自然保护区管理局(党委)总支书记；2014年6月负责主持马头山保护区筹建工作。2014年9月任江西马头山国家级自然保护区管理局局长。

工作35年间，先后被评为斯巴鲁生态保护个人奖、2次全国自然保护区管理工作先进个人、江西省森林防火先进个人、江西省直机关工委优秀共产党员、江西省林业厅先进个人、优秀党务工作者、优秀共产党员等。

罗 晓 敏

副局长

罗晓敏，男，汉族，1973年8月生，江西宁都人。1994年8月参加工作，2003年10月加入中国共产党，大学本科学历。现任江西马头山国家级自然保护区管理局副局长、党支部组织委员、工程师。

1994年8月至2003年12月分别任江西省九连山自然保护区管理处技术员、副站长、站长、副科长；2004年1月至2008年4月分别任江西九连山国家级自然保护区管理局副科长、科长（期间：2007年4月至2008年4月借用在江西黎川沙塘隘木材检查站工作）；2008年4月至2015年4月任江西定南野猪塘木材检查站副站长（期间：2014年7月至2015年3月借用在江西马头山国家级自然保护区管理局工作）；2015年3月至2015年11月，任江西马头山国家级自然保护区管理局办公室主任；2014年7月参与马头山保护区筹建工作。2015年11月任江西马头山国家级自然保护区管理局副局长。

工作24年间，先后多次被江西省林业厅评为优秀党务工作者、优秀共产党员等。

刘 学 东

副局长

刘学东，男，汉族，1965年6月出生，江西临川人。1980年7月参加工作，1989年12月入党，大学本科学历。现任江西马头山国家级自然保护区管理局副局长，党支部纪检委员。

1980年7月至1989年5月任资溪县供销社办事员；1989年5月至1996年1月任资溪县物价局办事员；1996年1月至1998年7月任资溪县嵩市镇党委委员（副科级）；1998年7月至2004年3月分别任资溪县外经办、招商局副主任、副局长；2004年3月至2007年1月任资溪县经贸委主任；2007年1月至2013年9月任资溪县招商局长；2013年9月至2015年1月任资溪县马头山国家级自然保护区管理办公室主任；2014年7月参与马头山保护区筹建工作；2015年1月至2015年7月调入江西马头山国家级自然保护区管理局任资源保护科负责人；2015年7月至2016年12月任江西马头山国家级自然保护区管理局资源保护科科长。2016年12月任江西马头山国家级自然保护区管理局副局长。

工作37年间，先后被省林业厅、抚州市评为优秀共产党员、连续2年被评为省经贸委利用工业外资优秀工作者、2次被评为市委、市政府目标管理先进个人，2次被评为县委、县政府目标管理先进个人及全县重视党风廉政建设工作先进个人，2次被评为县优秀政协委员、县政协优秀提案者。

当选七、八届政协资溪县常委。

陈 孝 斌

副局长

陈孝斌，男，汉族，1970年12月生，浙江义乌人。1992年8月参加工作，2003年8月加入中国共产党，大学本科学历。现任江西马头山国家级自然保护区管理局副局长、党支部宣传委员。

1992年8月至2003年10月，分别担任资溪县实验林场技术员、营林股股长、林政股股长、森工股长；2003年10月至2007年1月任资溪县许坊木检查站站长；2007年1月至2009年9月任资溪县木材检查总站站长；2009年9月至2012年12月任资溪县林业局副局长兼木材检查总站站长；2012年12月至2015年9月任资溪县农业综合开发办书记兼副主任；2015年9月至2016年12月任江西马头山国家级自然保护区管理局东源站站长（2016年1月至11月兼任办公室负责人）；2016年12月任江西马头山国家级自然保护区管理局副局长。

工作25年间，先后被评为共青团抚州市首届"十大杰出青年岗位能手"；资溪县林业局先进工作者；江西省木监局"执法质量年"先进个人。

楼 智 明

副局长

楼智明，男，汉族，1964年生，浙江义乌人。1981年8月参加工作，1984年4月加入中国共产党，硕士学历。现任江西九岭山国家级自然保护区管理局副局长。

1981年8月至1989年8月分别担任资溪县林业局团支部书记、团总支副书记、团总支书记（股级，1984年经公开考试转为国家干部）；1989年9月至1992年9月分别担任资溪县高田乡林管站站长、高田乡实验分场场长（股级）；1992年10月至1995年4月分别任资溪县马头山乡党委委员、常务副乡长（副科）；1995年5月至2003年2月担任资溪县实验林场书记兼场长；2003年3月至2008年5月担任资溪县驻南昌办事处主任兼资溪县政府办副主任（正科级）；2008年6月至2015年1月担任江西马头山国家级自然保护区管理办公室副主任，2015年1月至2016年9月担任保护区管理局科研管理科科长；2016年10月至2017年1月担任江西九岭山国家级自然保护区管理局科研管理科科长；2017年2月至今担任江西九岭山国家级自然保护区管理局副局长。

工作36年间，先后荣获省林业厅先进工作者，国家林业局先进个人，全国绿化奖章，2010全国抗灾救灾优秀摄影家等光荣称号。

张 建 根
办公室主任

张建根，男，汉族，1978年9月出生，浙江淳安人。1998年8月参加工作，2011年7月加入中国共产党，本科学历，现任江西马头山国家级自然保护区管理局党支部支委委员、办公室主任。

1998年8月从南昌林校毕业分配在鹤城镇人民政府工作，同年12月应征入伍，在武警第93师侦察连服役，历任战士、军械员兼文书；2000年12月退伍回鹤城镇人民政府工作，任党政办公室主任；2005年8月任马头山镇党委委员，2009年3月任马头山镇党委委员、常务副镇长；2015年9月选调至江西马头山国家级自然保护区管理局参与筹建，任江西马头山国家级自然保护区管理局双港口保护管理站负责人。2017年1月，任江西马头山国家级自然保护区管理局办公室主任。2017年5月，增补为江西马头山国家级自然保护区管理局党支部支委委员。

1999年、2000年被武警第93师评为"优秀士兵"；2003年被资溪县委、县政府评为抗击"非典"先进个人；2005年至2007年连续三年被资溪县委评为优秀党务工作者；2008年、2011年两年被资溪县委评为优秀共产党员；2015年被省林业厅直属机关党委评为优秀共产党员；2016年被省林业厅评为综治工作先进个人。

涂 鸿 文
郑家保护管理站站长

涂鸿文，男，汉族，1963年9月出生，江西进贤人。1982年8月参加工作，1995年10月加入中国共产党，大专学历，现任江西马头山国家级自然保护区管理局郑家保护管理站站长。

1982年至1995年7月分别担任资溪县株溪林场职工子弟学校教师、校长；1995年7月任资溪县株溪林场工区主任、综治办主任；1995年11月至1996年2月拟任资溪县乌石镇人民政府副镇长，1996年3月任乌石镇人民政府副镇长；1998年3月任资溪县株溪林场副场长；2001年8月任资溪县高田乡党委副书记、纪委书记；2002年12月任资溪县交通运输局副局长；2012年5月任资溪县马头山国家级自然保护区管理办副主任；2015年2月至现在分别任江西马头山国家级自然保护区管理局副科级干部、科研科副科长、郑家保护管理站负责人、站长。

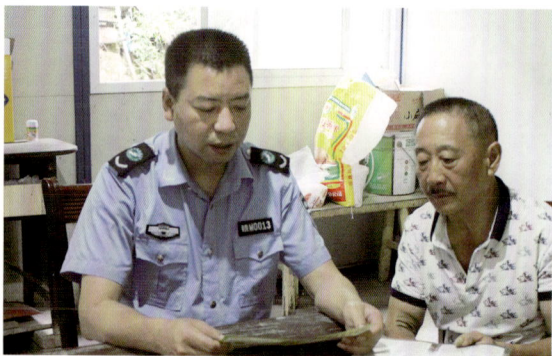

邵 湘 林
昌坪保护管理站站长

邵湘林，男，汉族，1976年12月生，浙江绍兴人。1997年9月参加工作，2001年7月加入中国共产党，大学本科学历。现任江西马头山国家级自然保护区管理局昌坪保护管理站站长。

1997年9月至2005年7月分别任江西省资溪县马头山林场团干、工业办副主任、团委书记兼综治办主任等职；2005年8月至2009年2月任江西省资溪县马头山林场副场长；2009年3月至2013年8月任江西省资溪县马头山林场党委委员、副场长；2013年9月至2014年11月任江西省资溪县马头山林场党委副书记、纪委书记、工会主席；2014年12月至2015年9月任江西省资溪县马头山生态公益型林场党委副书记、纪委书记、工会主席；2015年10月至2016年12月任江西马头山国家级自然保护区管理局昌坪保护管理站副站长(主持工作)；2017年1月至今任江西马头山国家级自然保护区管理局昌坪保护管理站站长。

工作20年间，先后被评为江西省优秀团干部，多次被评为市、县综治、维稳、信访、安全生产工作先进个人，抚州市"五五"普法教育模范，资溪县宣传工作先进个人，资溪县优秀党务工作者

魏 浩 华
资源保护科副科长

魏浩华，男，汉族，1989年5月生，江西东乡人。2011年11月加入中国共产党，2015年7月毕业于西北农林科技大学，硕士学位，2015年8月参加工作，现任江西马头山国家级自然保护区管理局资源保护科副科长、助理工程师。

2009年9月至2013年7月，就读于西北农林科技大学林学专业，并获得学士学位；2013年9月至2015年7月，就读于西北农林科技大学林业专业，并获得硕士学位；2015年8月至2016年12月任江西马头山国家级自然保护区管理局科员；2017年1月至今任江西马头山国家级自然保护区管理局资源保护科副科长。

龚 景 春
东源保护管理站副站长
（主持工作）

龚景春，男，汉族，1973年3月生，浙江义乌人。1992年10月参加工作，2003年5月加入中国共产党，大专学历。现任江西马头山国家级自然保护区管理局东源保护管理站副站长（主持工作），助理工程师。

1992年10月至1995年2月在资溪县马头山采育林场工作；1995年3月至1996年1月在资溪县林业局马头山林业工作站工作；1996年2月至2006年12月在资溪县实验林场工作，期间担任泸阳分场营林员、实验林场办公室副主任、主任；2007年1月至2009年3月在资溪县林业木材检查站工作，期间借调到资溪县林业局任人秘股负责人、资溪县马头山国家级自然保护区筹备办公室和管理办公室负责人；2009年4月至2015年1月在资溪县马头山国家级自然保护区管理办公室工作，任办公室负责人、办公室主任；2015年2月至2016年12月在江西马头山国家级自然保护区管理局工作，任资源保护科科员。2017年1月至今任江西马头山国家级自然保护区管理局东源保护管理站副站长（主持工作）。

工作26年间，先后被评为资溪县马头山采育林场工作先进个人、资溪县实验林场先进个人、江西省马头山国家级自然保护区管理局先进个人、闽浙赣护林联防第五联防区护林联防先进个人。

孙 培 军
双港保护管理站副站长
（主持工作）

孙培军，男，1980年8月出生，山东单县人。1998年12月参加工作，2003年7月加入中国共产党，本科学历，现任江西马头山国家级自然保护区管理局双港口保护管理站副站长（主持工作）。

1998年12月至2003年12月在资溪县消防大队服役；2003年12月至2005年8月在资溪县人民政府办公室工作；2005年8月至2009年8月在资溪县交警大队工作；2004年6月至2009年12月先后参加各类学习培训并考试合格取得大专及本科学历；2009年9月通过公开招考县直单位工作人员考试，考录到南丰县工业园区管委会工作；2010年9月任南丰县工业园区管委会人武装部副部长；2013年1月至2016年9月任南丰县委党史办任副主任；2014年2月至2015年3任南丰县委党的群众路线教育实践活动领导小组办公室督办组副组长；2017年2月至今任江西马头山国家级自然保护区管理局双港口保护管理站副站长（主持工作）。

工作19年来，先后3次被评为优秀带兵班长，抚州市十佳消防卫士、市优秀党史工作者、县连心干部优秀个人。

石 强
双港保护管理站副站长

石强，男，汉族，1984年生，甘肃高台人。2007年9月参加工作，2011年12月加入中国共产党，大学本科学历。现任江西马头山国家级自然保护区管理局双港口保护管理站副站长。

2007年9月至2009年9月为资溪县林业综合行政执法大队科员；2009年10月至2015年8月为资溪县木材检查站科员（2009年10月任资溪县林业局纪检监察室副主任、主任；2015年3月借用到资溪县委组织部组织科工作）；2015年9月至2016年12月分别任江西马头山国家级自然保护区管理局科研管理科科员、双港口保护管理站站长助理；2017年1月任江西马头山国家级自然保护区管理局双港口保护管理站副站长。

2016年度被江西马头山国家级自然保护区管理局评为先进工作者。

饶亚卉
办公室科员

饶亚卉，女，汉族，1989年8月生，江西资溪人。2011年10月参加工作，2013年7月加入中国共产党，大学本科学历。现为江西马头山国家级自然保护区管理局办公室科员。

2011年10月至2015年9月任资溪县马头山镇人民政府办公室科员，期间借用在资溪县委组织部组织科工作。2015年10月至2016年9月分别任江西马头山国家级自然保护区管理局科研管理科科员、郑家保护管理站站员。2016年10月至今任江西马头山国家级自然保护区管理局办公室科员。

2016年7月，被江西省林业厅评为优秀共产党员。

胡晓丽
办公室会计

胡晓丽，女，汉族，1983年2月生，江西资溪人。2001年8月参加工作，2013年1月加入中国共产党，大学本科学历。现任江西马头山国家级自然保护区管理局会计，会计师职称。

2001年8月参加工作，在资溪县会计管理核算中心工作，先后任股员、审核股股长；2014年1月在资溪县财政非税局工作，任稽查股股长；2015年2月至今任江西马头山国家级自然保护区管理局会计。

被江西马头山国家级自然保护区管理局评为2015年度、2016年度先进工作者。

李珺
办公室出纳

李珺，女，汉族，1982年9月生，安徽蚌埠人。2006年7月参加工作，大学本科学历，现任江西马头山国家级自然保护区管理局人事专干兼出纳，会计师职称。

2006年7月至2007年7月在美的集团芜湖分公司从事成本会计工作；2007年8月至2009年4月在中国联通芜湖市分公司从事总账会计工作；2009年5月至2014年12月间在资溪县会计管理核算中心分别从事出纳、会计工作；2015年1月至2015年8月在资溪县财政局任农业股股员；2015年9月至今任江西马头山国家级自然保护区管理局办公室人事专干兼出纳。

熊 宇

科研管理科科员

曹 影

资源保护科科员

熊宇，男，汉族，1989年11月生，江西南昌人。2016年9月参加工作，硕士研究生学历。现任江西马头山国家级自然保护区管理局科研管理科科员。

2008年9月至2012年6月，就读于江西农业大学南昌商学院园林专业，并获得学士学位；2013年9月至2016年6月就读江西农业大学植物学专业，并获得硕士学位；2013年9月至2015年6月，在江西省水利学院学院担任外聘教师，负责建筑工程测量理论及实训等课程；2014年9月至2016年5月，担任江西省涉外枫林职业学院植物学教师；2016年4月以外聘专家身份，培训江西通用职业学院教师。参与官山、铜钹山、凌云山等地区植物资源调查，以外聘专家的身份参加江西省山和林业工程咨询事务所有限公司野外调查。研究生期间发表《梅岭国家森林公园植物区系研究》一文，参与编写《梅岭植物彩色图鉴》一书。研究生在读期间，担任江西农业大学标本馆工作人员，参与标本馆数字化建设。现于江西马头山自然保护区管理局科研管理科工作。

曹影，女，汉族，1992年10月生，江西抚州人。2016年9月参加工作，硕士研究生学历。现任江西马头山国家级自然保护区管理局资源保护科科员。

2009年9月至2013年6月，就读于东华理工大学测绘工程专业，并获得学士学位；2013年9月至2016年6月就读西南林业大学地图学与地理信息系统专业，并获得硕士学位；2013年9月至2014年6月，在云南省经贸外事职业学院担任外聘教师，负责建筑工程测量理论及实训等课程；2013年9月至2016年5月，担任西南林业大学本科生ArcGIS实验教程课程助教。以第一作者发表中文核心期刊2篇，非第一作者期刊2篇，参与编著十三五规划教材《遥感与地理信息科学》，参与云南省教育厅科学研究基金理工类重点项目《基于光谱混合分析的典型乔木地上生物量动态监测》。现于江西马头山自然保护区管理局资源保护科工作。

卢　颖　颖
昌坪保护管理站站员

卢颖颖，女，汉族，1981年8月生，江西资溪人。2000年8月参加工作，2011年11月加入中国共产党，大专学历。现工作于江西马头山国家级自然保护区管理局昌坪保护管理站，助理工程师。

2000年8月至2009年2月为资溪县陈坊林场科员；2009年3月至2015年9月为江西资溪华南虎野化放归管理办公室科员；2015年10月调入江西马头山国家级自然保护区管理局，工作于昌坪保护管理站。

工作17年间，先后被评为资溪县林业局优秀共产党员、资溪县十佳青年社会公益人物、资溪县林业局先进工作者、江西马头山国家级自然保护区管理局宣传信息工作先进个人等。

蔡　巧　燕
档案及收发管理员

蔡巧燕，女，汉族，1964年1月生，江西宜丰人。1982年12月参加工作，大专学历。现为江西马头山国家级自然保护区管理局档案及收发文管理员，助理会计师。

1982年9月至1984年11月在新余纺织厂工作，1985年5月至1986年11月在宜丰县水轮机厂工作，1986年12月至2014年2月在宜丰县粮食局工作，2014年12月至今在江西马头山保护区管理局从事档案管理及文件收发工作。2014年12月起参加马头山保护区筹建工作。

被江西马头山国家级自然保护区管理局评为2015年度、2016年度先进工作者。

张 蓉
固定资产及标本管理员

　　张蓉，女，汉族，1974年8月生，江西赣州人。1990年9月参加工作，大学专科学历。现为江西马头山国家级自然保护区管理局固定资产及标本管理员。

　　1990年9月至2003年2月在赣州市九连山林场任工人；2003年3月至2012年9月，分别任龙南县邮政局柜员、会计、所长；2012年9月至2015年8月，待业；2015年9月至今在江西马头山国家级自然保护区管理局任固定资产及标本管理员。2015年9月起参与马头山保护区筹建工作。

龚玮璘
司机兼食堂管理员

　　龚玮璘，男，汉族，1979年7月生，江西宜丰人。1996年10月参加工作，中技学历。现为江西马头山国家级自然保护区管理局司机、食堂管理员。

　　1996年10月至2011年5月在宜丰县粮食局工作，2011年6月至2014年8月在江西鄱阳湖国家级自然保护区工作，2014年6月至今在江西马头山保护区管理局任司机及食堂管理员。2014年6月参加马头山保护区筹建工作。

　　被江西马头山国家级自然保护区管理局评为2016年度先进工作者。

范 少 辉
东源保护管理站站员

范少辉，男，汉族，1987年9月生，江西抚州人。2009年12月参加工作，2008年7月加入中国共产党，大学本科学历。现工作于江西马头山国家级自然保护区管理局东源保护管理站。

2009年12月至2011年12月服役于江西武警总队南昌市支队十九中队，任步枪手；2011年12月至2016年10月任抚州市建设建伟综合管理站技术员；2016年10月至今工作于江西马头山国家级自然保护区管理局东源保护管理站。

在部队服役期间，荣获个人三等功一次，被评为优秀共产党员。

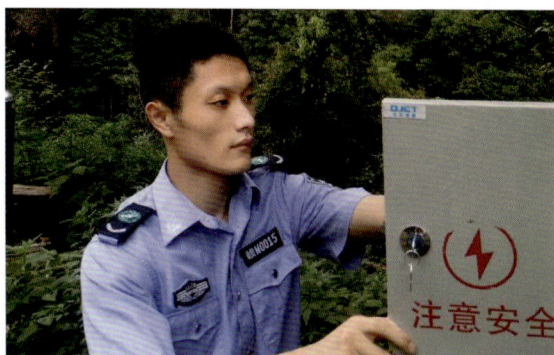

涂 运 健
昌坪保护管理站站员

涂运健，男，汉，1990年9月生，江西萍乡人。2012年参加工作，入伍2年服役于北海舰队作战支援舰第一支队，大学专科学历。现工作于江西马头山国家级自然保护区管理局昌坪保护管理站。

2011年12月至2013年12月在北海舰队作战支援舰第一支队服役；2016年10月至今工作于江西马头山国家级自然保护区管理局昌坪保护管理站。

二、典范

2016年12月29日，中国野生动物保护协会下发文件《关于授予孔凡生等66名同志"斯巴鲁生态保护奖"的决定》（中动协秘字〔2016〕79号），其中江西马头山国家级自然保护区管理局吴和平同志荣获2016年度斯巴鲁生态保护个人奖。"斯巴鲁生态保护奖"设立于2008年，是为表彰和奖励长期工作在野生动植物保护岗位上的先进个人和团体而专门设立的奖项。吴和平同志在基层自然保护区工作35年。一直以来，马头山保护区在吴和平的领导下，扎实开展野生动植物保护专项行动，进行保护野生动植物常态化宣传，有力彰显了保护野生动植物的决心和力度，有效增强了群众参与保护野生动植物、维护生态平衡的意识，形成全民共同保护野生动植物的良好氛围。

"斯巴鲁生态保护奖"颁奖现场

"斯巴鲁生态保护奖"荣誉证书

用生命默写保护　用青春铸就辉煌

——记江西马头山国家级自然保护区管理局局长 吴和平

江西省从事基层自然保护工作时间最长的人，参加自然保护区筹建地方最多的人，现在岗担任主要领导职务地方最多、时间最长的人，获得国家七部委表彰保护工作先进个人次数最多的人，他，就是江西马头山国家级自然保护区管理局局长吴和平。他1982年林校毕业分配到江西基层保护区工作，一干就是35年。这35年，他从一般办事员干到了处长，从一般技术员干到了高级工程师，也从一个年轻小伙干到了两鬓花白的中年汉子。他先后获得表彰：两次国家七部委全国自然保护区管理工作先进个人，一次省政府森林防火指挥部森林防火先进个人，一次省直机关工委优秀共产党员，多次省林业厅先进个人、优秀党务工作者、优秀共产党员，多次全国、省林学会优秀论文奖等。

克难奋斗、砥砺前进

他从江西第二林校毕业后，就分配到官山省级自然保护区参与筹建工作，当时单位办公场所是租用当地政府土改时期曾经办过公的地方，工作和生活条件非常艰苦。因当时筹建7人，他又最年轻，自然最基本零杂事和跑差之事都落在他的头上。他经常晚上通宵达旦撰写材料，白天进山巡护山场，不断在砥砺中成长。

在保护区筹建初期，因条件太差，其他同事都不愿进山工作。他作为一个刚出校门的后生，是第一个主动要求从局机关正式驻站的巡护人员。当时所谓基层保护站，其实就是租用老百姓的一间平房，权当办公室和卧室，吃饭跟房东搭伙，洗澡是木板搭起来的透风房，夏天蚊虫缠身、冬天寒风刺骨。当时进站上班基本全靠两腿行走，从县城坐班车到镇上，再行走20多千米才能到站里，往往是早上出门，到傍晚才能到站。很多人不愿进站，他当时背个背包，往往在站里一住就是十天半月，只有科里有事打来电话才返回处机关。在站里，他白天跟着站里老工人巡山护林，跟着外来的专家采集标本、资源调查、识别树种、采种育苗，晚上回站里撰写巡护日志和工作感受。在进山工作时，他会经常遭遇电闪雷鸣、暴雨倾泻、阻碍去路；蚊虫叮咬、毛虫刺痛、奇痒难耐；在林政执法过程中也会经常遭遇群众辱骂、甚至威胁，危险重重、死里逃生。

官山保护区位于江西省宜丰县范围内，听当地百姓讲，官山历史上有老虎分布，县土特产公司曾经收购过老虎皮张。他想，作为保护区工作人员，应当调查宜丰历史上野生动物资源情况。为此，他向单位提交了一份申请调查报告，获领导批准后，独自拿着介绍信，找到了县林业局、县土特产公司，查阅历史档案，访问专家，基本搞清楚了宜丰历史上收购野生动物种类和数量的变化情况，向单位提交了宜丰县野生动物资源调查初报，这是宜丰县第一份有关野生动物资源调查报告。调查报告在《宜春林业》上发表。调查中，县土特产公司确认曾于1970年收购过安徽猎人猎杀的一只华南虎皮。到现在回想起来，他还经常感慨到：当时在那么艰苦、恶劣的环境下，能有那么大的干劲，夜以继日地工作，也正是因为对大自然的热爱、对自然保护事业的一种信仰、一种追求吧！

吴和平同志在官山保护区工作了23年多，他经历了官山保护区的筹建、建设前期到规范化管理运行，再到申报国家级自然保护区的成功。这23年，是他从一般办事员干到了处长，从一般技术员干到了高级工程师的23年，也是他人生阅历中最为丰富多彩、茁壮成长的23年。

不忘初心、继续前行

2006年2月，江西省林业厅要求各部门和单位主要负责人进行异地交流，他被交流到离家200多千米外的江西桃红岭梅花鹿国家级自然保护区任局长，就在当年5月的一天，他赶往南昌办事，小车在高速公路上行驶时，车辆突然自燃，他的手脚被严重烧伤，烧伤面积达24%。躺在病床3个月，恢复了大半年后又连续做了两次手术。他病痛期间不忘身上责任，妥善安排并出色完成了保护区各项工作。

因身体烧伤的原因，2008年12月，他被调到鄱阳湖保护区工作，职务调整为党总支书记，分管党务，候鸟、湿地保护和宣传工作。从行政职务上而言，实际上他是从单位一把手调整为二把手，虽然在身体和心灵受到双重受到打击，但是他一颗保护自然的初心没有改，一颗保护野生动植物的决心没有变。大家都知道，鄱阳湖保护区的保护和宣传工作，是两个烫手山芋，干不好很容易出问题。他绞尽脑汁，团结单位一班人，

如履薄冰，始终保持着高度警惕又斗志高昂，调动湖区各级政府共同作为，保护好候鸟资源，维护好候鸟赖以生存的湿地环境。鄱阳湖保护区所负责的候鸟保护工作涉及湖区4个设区市15个县，湖区面积3000多平方千米。湖区有候鸟60万只，可依赖湖区资源生存人口高达128万，候鸟要保护，湖区人们要生存，一对尖锐的矛盾如何协调处理，考验着保护区的每一位干部职工，更考验着他的工作能力和水平。在鄱阳湖保护区工作的6个春夏秋冬里，连他自己都不知道究竟挨过了多少风雪与寒冷、经受住了多少人情干扰与诱惑、挺过来了多少威胁与恐吓、经历了多少伤心与无奈，身心的历练和努力奋斗，确保了鄱阳湖保护区事业的安全与发展，同时也得到了湖区百姓的赞许和省政府的嘉奖。也为江西省委、省人民政府生态立省、建设鄱阳湖水利纽枢做出了突出的贡献。

2014年5月，年过五旬的他又调往新成立的江西马头山国家级自然保护区管理局担任局长，他仍以"白+黑"、"5+2"的拼命三郎精神搞筹建谋发展。筹建两年多来，在他的带领下，江西马头山保护区各项工作开展得有声有色、有模有样，得到了省林业厅及省直相关单位领导的充分肯定和高度评价。他身边的一些老同志经常劝慰他：干了一辈子的自然保护事业，吃了这么多苦，也该歇息歇息了。但他仍说：只要在岗一天，就要初心不改干好一天；只要在世一天，就要为自然保护事业努力一天。他不断地用自己的行动，兑现着他的诺言。现在的他，工作激情不减，仍奋战在基层自然保护工作一线，默默地耕耘着、奉献着、践行着……

　　筹建期间，保护区管理局党支部被省林业厅评为先进基层党组织，被闽浙赣联防区评为先进单位。多人因工作突出先后被省林业厅评为优秀党员、优秀党务工作者、先进工作者等。先进集体都是大家的荣誉，先进个人都是全体员工学习的榜样。

筹建以来优秀党务工作者、优秀共产党员、先进个人

- 罗晓敏　省林业厅直属机关2015年度优秀党务工作者
- 刘学东　省林业厅直属机关2015年度优秀共产党员
- 楼智明　省林业厅直属机关2015年度先进工作者
- 张建根　省林业厅直属机关2016年度优秀共产党员
- 龚景春　闽浙赣联防区2016年度先进个人
- 饶亚卉　省林业厅直属机关2016年度优秀共产党员

三、风采

2015年10月12日，吴和平局长带领保护区管理局中层干部前往庐山国家级自然保护区参观学习。此行不仅学习了庐山自然保护区基层站所示范化建设和管理的成功经验，还实地考察了庐山的森林资源和自然风貌。做到劳逸结合，学习生活协调，身心愉悦，考察学习活动取得了圆满成功。

参观学习人员合影

参观庐山保护区基层站

户外考察

　　2016年7月2—5日，经省林业厅领导同意，局党支部组织"两学一做"，全局机关职工共20人赴井冈山、兴国、瑞金接受红色教育，向烈士陵献花圈，参观茨坪旧居、茅坪、大井旧居和小井红军医院，参观黄洋界博物馆，以及兴国将军馆、苏区干部好作风纪念馆，瑞金沙洲坝、叶坪等地，接受革命传统教育。

红色教育合影留念

第八章　区内自然景观篇

　　马头山自然保护区属中亚热带常绿阔叶林区，保存了较为完整的自然森林生态类型和各种各样的自然景观，有众多国家级保护动植物和保存完好的原生性植被。

　　区内有大量保存完好的常绿阔叶林，有丰富的地文景观、生物景观、水景观与人文景观，汇集了各类植物2483种，并有近40余种一、二级国家珍稀保护动植物，森林覆盖率达97.43%，空气负氧离子含量平均在3万个/立方厘米以上，被专家誉为"天然氧吧、动植物基因库"。而且2007年被列入"江西百景"名录。

　　马头山主推的是原生性珍稀植物群落，在这里，你找不到一丝现代痕迹，古木苍翠，大峡谷溪流，怪石嶙峋，大自然神工妙笔勾画出的旷世恢宏杰作，令人目不暇接，赞不绝口。"龙井四潭"，三叠、五叠泉，20余个不同落差瀑布，曲径通幽、浪花飞溅。

　　马头山有悬崖峭壁，万丈深渊的"鬼门关"、"贴肚岩"；自然风化形成的"穿房石"、"水帘洞"柱平如削，高耸入云，婉若天上的银河鸿沟；海拔千米的半山崖上高高垒起的"七层塔"，每块石重数千斤，来历众说纷纭，一说是原始社会人的祭祀物，二说是天外来客的神力筑建，至今仍象一团迷雾，让人百思不得其解。

一、保护区内国家一级重点保护动植物及马头山特有植物

国家一级重点保护野生植物

南方红豆杉

南方红豆杉（拉丁学名：*Taxus wallichiana* var. *mairei*），常绿乔木，树皮淡灰色，纵裂成长条薄片；芽鳞顶端钝或稍尖，脱落或部分宿存于小枝基部。叶2列，近镰刀形，长1.5-4.5厘米，背面中脉带上无乳头角质突起，或有时有零星分布，或与气孔带邻近的中脉两边有1至数条乳头状角质突起，颜色与气孔带不同，淡绿色，边带宽而明显。种子倒卵圆形或柱状长卵形，长7-8毫米，通常上部较宽，生于红色肉质杯状假种皮中。种子可榨油；树皮含单宁；木材坚硬，是上等用材。南京和上海都有栽培；用种子繁殖，但隔年发芽，也可扦插。分布于长江流域以南各省份以及河南、陕西。

国家一级重点保护野生植物

伯乐树（拉丁学名：*Bretschneidera sinensis*），落叶乔木，罂粟目，又名钟萼木或山桃花。

伯乐树高可达20米，树冠塔形，树皮褐色，光滑，有块状灰白斑点。叶为奇数羽状复叶，椭圆形或倒卵形，叶背粉白色，密被棕色短柔毛。芽为宽卵形，较大，芽鳞红褐色。花为大型总状花序，顶生，粉红色。蒴果红褐色，木质，被毛，近球形，具3棱，内有种子1-6粒。花期在4月-5月，果熟期在9月-10月。

伯乐树经常长在阔叶林下，生长速度缓慢，而且还有个非常奇特的特性：种子要在林下的树叶中覆盖1年后才能萌芽，苗期又无法长出发达的根系。

伯乐树是中国特有树种，被誉为"植物中的龙凤"。它在研究被子植物的系统发育和古地理、古气候等方面都有重要科学价值。

伯乐树

国家一级重点保护野生植物

报春苣苔（学名：*Primulina tabacum*）为多年生草本。叶均基生，有柄，叶片圆卵形，基部浅心形，边缘浅裂或浅波状，裂片三角形，两面被短柔毛，下面还被腺毛；叶柄两侧有波状翅。花葶与叶等长或稍短，被柔毛及腺毛。聚伞花序似伞形花序，2回分支，3-9花；苞片2片，对生。花萼5深裂，裂片狭披针形，边缘有小齿。花冠紫色，近高脚碟状；细筒状；不明显二唇形。花期8-10月。

报春苣苔属是单种属也是我国特有属，属内唯一种。

报春苣苔

国家一级重点保护野生植物

　　莼菜（学名：*Brasenia schreberi*）：又名马蹄菜、湖菜等，是多年生水生宿根草本。性喜温暖，适宜于清水池生长。由地下葡萄茎萌发须根和叶片，并发出4-6个分枝，形成丛生状水中茎，再生分枝。深绿色椭圆形叶子互生，长约6-10厘米，每节1-2片，浮生在水面或潜在水中，嫩茎和叶背有胶状透明物质。夏季抽生花茎，开暗红色小花。

莼

菜

　　嫩叶可供食用。莼菜本身没有味道，胜在口感的圆融、鲜美滑嫩，为珍贵蔬菜之一。莼菜含有丰富的胶质蛋白、碳水化合物，脂肪、多种维生素和矿物质，常食莼菜具有药食两用的保健作用。主产于中国浙江、江苏两省太湖流域和湖北省，4月下旬至10月下旬可采摘带有卷叶的嫩梢。

马头山特有植物

美毛含笑（学名：*Michelia caloptila*）是木兰科，含笑属小乔木，高可达8米。芽圆柱形或狭卵形，嫩枝被淡黄色绒毛，老枝无毛，叶革质，长圆形或卵状长圆形，先端渐尖或急尖，基部宽楔形或近圆钝，托叶与叶柄离生，无托叶痕。花梗密被淡黄色长绒毛；花黄色，花被片长圆形或倒卵状长圆形，雌蕊群圆柱形，雌蕊群心皮卵圆形，花柱褐色。聚合果圆柱形，蓇葖长圆形，3月开花，11月结果。

美毛含笑

国家一级重点保护野生动物

云 豹

云豹（学名：*Neofelis nebulosa*）为哺乳纲猫科动物，有3个亚种。体长70-110厘米，尾长70-90厘米，体重16-40千克，为豹亚科最小者。身体两侧有6个云状的暗色斑纹，故名。瞳孔长方形，收缩时纺锤形。犬齿锋利，与前臼齿之间的缝隙较大，长度比例在现存猫科动物中最大，能够咬杀较大猎物，此点与史前已灭绝的剑齿虎相似。

云豹分布于亚洲的东南部，从最西部的尼泊尔开始，一直向东到中国台湾，包括缅甸和中国秦岭以南；往南则从印度东部、中南半岛开始，一直向南到马来半岛等地为止。夜间活动，善爬树，常从树上跃下捕食鸟类及猴、鼠、野兔、小鹿等小型哺乳动物，偶尔偷吃鸡、鸭等家禽。数量稀少。虽然它的名字有豹这个字，但它不属于豹属，而是独立的云豹属。

国家一级重点保护野生动物

金 雕

　　金雕（学名：*Aquila chrysaetos*）属于鹰科，是北半球上一种广为人知的猛禽。金雕以其突出的外观和敏捷有力的飞行而著名；成鸟的翼展平均超过2米，体长则可达1米，其腿爪上全部都有羽毛覆盖着。

　　一般生活于多山或丘陵地区，特别是山谷的峭壁以及筑巢于山壁凸出处。栖息于高山草原、荒漠、河谷和森林地带，冬季亦常到山地丘陵和山脚平原地带活动，最高海拔高度可到4000米以上。以人中型的鸟类及兽类为食。分布于北半球温带、亚寒带、寒带地区。

国家一级重点保护野生动物

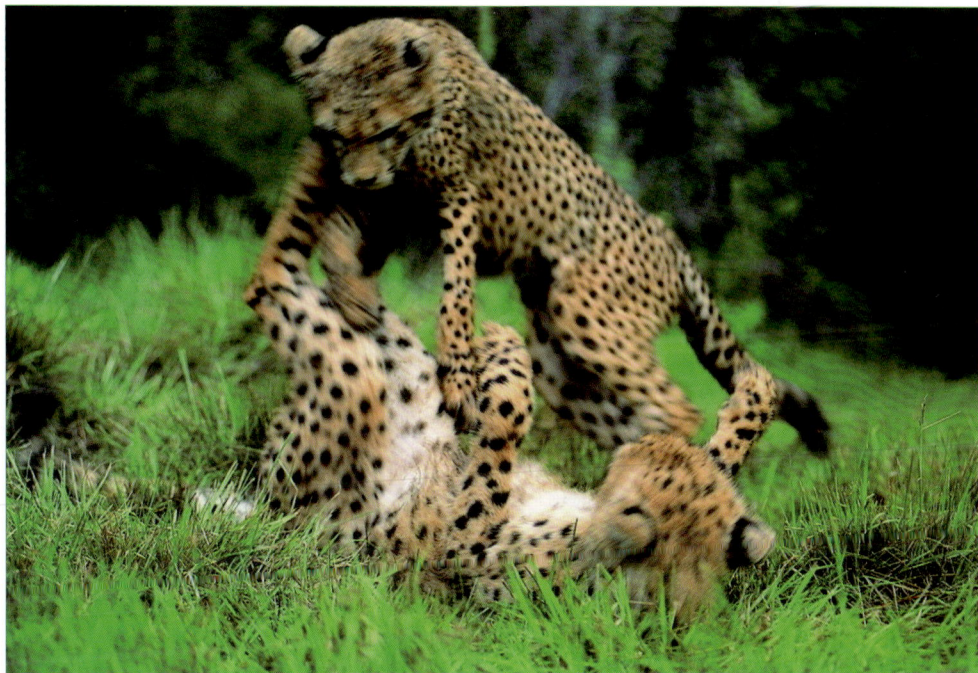

豹

　　豹（学名：*Panthera pardus*）在4种大型猫科动物（其余3种为狮、虎、美洲豹）中体型最小，平均全长2米左右，体重为60-100千克。奔跑时速可达80千米。体呈黄或橙黄色，全身布满大小不同的黑斑或古钱状的黑环。豹可以说是敏捷的猎手，身材矫健，动作灵活，奔跑速度快。既会游泳，又会爬树。性情机敏，嗅觉听觉视觉都很好，智力超常，隐蔽性强，长长的尾巴在奔跑时可以帮助豹保持平衡。它亦是少数可适应不同环境的猫科动物。金钱豹多指亚洲的亚种，非洲的亚种多称花豹。

　　栖息于森林灌丛、热带雨林、山地、丘陵、平原、干旱地、湿地，甚至荒漠。

国家一级重点保护野生动物

白颈长尾雉

白颈长尾雉（学名：*Syrmaticus ellioti*）大型鸡类，体长81厘米，体型大小和雉鸡相似。雄鸟头灰褐色，颈白色，脸鲜红色，其上后缘有一显著白纹，上背、胸和两翅栗色，上背和翅上均具1条宽阔的白色带，极为醒目；下背和腰黑色而具白斑；腹白色，尾灰色而具宽阔栗斑。雌鸟体羽大都棕褐色，上体满杂以黑色斑，背具白色矢状斑；喉和前颈黑色，腹棕白色，外侧尾羽大都栗色。杂食性。主要以植物叶、茎、芽、花、果实、种子和农作物等植物性食物为食，也吃昆虫等动物性食物。白颈长尾雉分布于北纬25°－31°之间，为典型的东洋界华中区东部丘陵平原亚区种类。

国家一级重点保护野生动物

黄腹角雉

黄腹角雉（学名：*Tragopan caboti*），别名角鸡、吐绶鸟，全长约50（雌）-65（雄）厘米。雄鸟上体栗褐色，满布具黑缘的淡黄色圆斑。头顶黑色，具黑色与栗红色羽冠。飞羽黑褐带棕黄斑。下体几纯棕黄，因腹部羽毛呈皮黄色，故名"黄腹角雉"。有翠蓝色及朱红色组成的艳丽肉裙及翠蓝色肉角，于发情时向雌鸟展示。雌鸟通体大都棕褐色，密布黑、棕黄及白色细纹，上体散有黑斑，下体多有白斑。

是中国特产的一种鸟，主要分布于浙江，在福建、广东、湖南、江西亦有分布。食物主要是蕨类植物的果实。

国家一级重点保护野生动物

黑 麂

黑麂（学名：*Muntiacus crinifrons*），别称乌金麂、蓬头麂、红头麂、麂子、青麂，属于鹿科麂属，是麂类中体型较大的种类。体长100-110厘米，肩高60厘米左右，体重21-26千克。冬毛上体暗褐色；夏毛棕色成分增加。尾较长，一般超过20厘米，背面黑色，尾腹及尾侧毛色纯白，白尾十分醒目。眼后的额顶部有簇状鲜棕、浅褐或淡黄色的长毛，有时能把两只短角遮得看不出来，"蓬头麂"之名就是从此而来的。

黑麂全年都能繁殖，没有明显的季节性。雌麂8个月龄性成熟，妊娠期6-7个月。每胎产1仔。产后就可以发情和怀孕，4年内能产3胎。哺乳期内少数雌麂又开始怀孕，但大多数雌麂在断奶后才发情。寿命10-11年。黑麂是中国的特产动物，没有亚种分化，分布范围十分狭小，见于中国安徽南部、浙江西部、江西东部的怀远和福建北部的武夷山地区。栖息于海拔为1000米左右的山地常绿阔叶林及常绿、落叶阔叶混交林和灌木丛。

黑麂列为濒危野生动植物种国际贸易公约（CITES）附录Ⅰ物种，世界自然保护联盟（IUCN）将其濒危等级列为易危。

二、保护区内自然风光

旭日东升

楼智明

楼智明

赤色云霞

层峦叠嶂   楼智明

楼智明

月亮船

深山红叶　　　　　　　　　　　　　　　　　　　　　　　　楼智明

楼智明

最美梯田

楼智明

烟雾缭绕

楼智明

红色记忆

楼智明

璀璨星空

古村姚家岭   楼智明

高山流水　　　　　　　　　　　　　　　　　　楼智明

微观世界　　　　　　　　　　　　　　　　　　楼智明

三、"碧水禅茶杯"生态摄影作品

　　由江西马头山国家级自然保护区管理局和资溪县碧水禅茶业有限公司主办，资溪县摄影协会协办的江西马头山国家级自然保护区"碧水禅茶杯"生态摄影比赛活动于2016年4月1日启动，截止到2016年12月底，共征集到参赛作品186幅。2017年2月18日，为了保证评审的公正和权威，本届大赛邀请了中国绿色时报、《江西画报》社、抚州市摄影协会、资溪县摄影协会及主办单位的专家组成评审小组，经过认真评审，共有66幅作品获奖，其中金奖1名、银奖2名、铜奖3名、优秀奖30名、入选奖30名。

摄影大赛评选现场

　　评审专家从色彩饱和度、对焦清晰度、构图规划等专业角度以及作品是否符合大赛主题等多方面进行综合评判，经过认真辛苦的评审，最终66个奖项花落众家。

评审专家合影

摄影大赛颁奖仪式

马头山保护区"碧水禅茶杯"摄影大赛金奖获得者与保护区管理局领导合影

马头山保护区"碧水禅茶杯"摄影大赛金、银、铜奖获得者与保护区管理局领导合影

马头山保护区"碧水禅茶杯"生态摄影大赛

获奖作品展

2017年3月6日，在资溪县委、县政府领导的关心和支持下，马头山保护区"碧水禅茶杯"生态摄影作品展在资溪县行政中心大厅如期举行。

县委副书记、县长黄智迅走进大厅，被琳琅满目摄影作品所吸引。在马头山保护区领导陪同下，黄县长走进展区，仔细观看摄影大赛获奖作品，指点拍摄构思和意境，对该活动给予充分肯定和高度评价。

县政协主席万鸣、副主席石仕忠观看摄影展。万主席饶有兴致的观看每一幅作品，详细询问拍摄地点，建议马头山保护区就近选择地点修建"吸氧区"。

县委常委、宣传部长林楠认真观看获奖作品，表示县宣传部门与保护区要携起手来，共同加大力度，宣传好马头山。

县政府副县长祝卫福观看摄影作品，不时向保护区领导询问作品出处及作品意境。

参观完展览的领导对马头山保护区"碧水禅茶杯"生态摄影展给予了充分肯定，认为生态摄影展的成功举办，对宣传马头山自然保护事业及资溪旅游资源，将起到积极的推动作用。

这次展览，每一幅作品都凝聚了摄影者的智慧和心血，弘扬了社会主义核心价值观，展示了保护区最典型、最重要、最珍贵、最精华的自然生态系统、最丰富的生物多样性，以及最优美的自然景观。

让我们携手走进自然，欣赏自然，了解自然，爱护自然！

马头山保护区"碧水蝉茶杯"摄影大赛

金奖作品

《白云生处是我家》　　作者：魏九康

　　2015年6月14日，天还没亮，我和几位摄友就驱车赶往老马头山（原马头山乡所在地）。我们本想照日出，可是天有不测风云，我们到了不久天就下起雨来了，而且雨越下越大。大约过了一个多小时，雨才慢慢地停了下来，这时天也渐渐地亮了。此时只见山凹里雾气慢慢升腾，不一伙儿大雾就弥漫开来，远处的山峦已模糊不清，整个天也好像是灰蒙蒙的。大约又过了十几分钟，浓雾才慢慢散去，天空渐渐明亮起来，远处的山峦也渐渐清晰可见。这时只见远山处飘来一股瀑布云，由远而近慢慢弥散过来，使人一看就感觉到是一幅美丽的水墨画。

马头山保护区"碧水蝉茶杯"摄影大赛
银奖作品

采茶

野茶

筛选

炒茶

摊青

《禅茶飘香 人间甘霖》　作者：吴志贵

　　图片用记实的手法拍摄于2015年4月14日资溪县马头山镇山岭村碧水禅茶场。在马头山国家级自然保护区域内，30万亩原始森林独特的自然条件蕴藏着大量的野生茶林，这里没有雾霾、农药、废气的污染，只有纯净的山水，洁净湿润的空气。当地村民抓牢大自然赐予山民的这一珍宝，纷纷抢采赶制野生茶，尽快让这些被人们誉为"茶中极品，人间甘霖"的深山野生茶早日走出大山，抢占市场，带富一方百姓。

马头山保护区"碧水蝉茶杯"摄影大赛
银奖作品

《壑壁坠银练》 作者：刘学俊

春天，当你来到风景优美的马头山自然保护区瀑布群旁，那美轮美奂的景色定会令你目不暇接。幽幽的峡谷，嶙峋的壑壁，参天的古木，飞泻的瀑布，犹如从天而降的银帘，坠落在峭壁上发出哗哗悦耳的声响，就如亲临仙境一般。

马头山保护区"碧水蝉茶杯"摄影大赛

铜奖作品

《马头山港东》 作者：徐爱植

　　一夜的春雨过后，马头山镇港西村，清新的田野上，云雾缭绕，村民们正辛勤地耕耘，好一幅"绿野喜【春耕】，一犁江上雨"的美丽景象。

马头山保护区"碧水蝉茶杯"摄影大赛
铜奖作品

《山明水秀月亮湾》　作者：赵云龙

　　2016年9月1日，在资溪县摄影协会楼智明主席的带领下，省老年大学摄影创作班来到马头山月亮湾。在阳光照耀下，月亮湾像一幅灵动的水墨画，又像是一首隽永的朦胧诗，令人心旷神往。

马头山保护区"碧水蝉茶杯"摄影大赛
铜奖作品

《霜叶红于二月花》　　作者：周宏华

　　马头山的景色是多彩的，红叶是其中一大特色，红叶象征着热情、奔放，如同资溪人热情开放、包容的品格。深秋时节，马头山的红叶红得似火，甚比春天二月的红花。红叶下碧绿清澈的河水，以及河岸边翠绿的树木，与红叶在颜色上形成了对比，更映衬出红叶的艳丽无比。

马头山保护区"碧水蝉茶杯"摄影大赛
优秀奖作品

《田 园》

>>>

《静 谧》

山 韵

《山 韵》

《别有洞天》

《春水流》

《山不转水转》

《茶语悠悠》

《暖秋》

《关山阵阵苍》

《空山新雨后》

《空山新雨后》

《湖光秋色》

《马头山保护区影像》

《马头山水韵》

《百越古村姚家岭》

《桥横碧水青山涧》

《峭壁断崖泻银链》

《一泓清泉滚滚来》

《秋 韵》

《秋 韵》

《独木成林》

《大地的旋律》

《湖光山色》

《静谧》

《秋 色》

《夕照青山美如画》

《祥光洒秀峰》

《云雾山峦秀》

《云遮雾绕马头山》

《马头山港东》

马头山保护区"碧水蝉茶杯"摄影大赛
入选奖作品

《 出 山 》

>>>

《空山新雨后》

《植物日记》

《采茶女》

《碧玉山水秀》

《红外线照相机为野生动物留"芳容"》

《轻纱罗缦挂玉帘》

《不息的山歌 》

《茶韵沁香》

《茶韵之道》

《马斜村》

《秋色 》

《雾绕群山 》

《碧流绿林妍》

《淡烟绿林碧水媚》

《巨 彬》

《红茶工艺》

《空山新雨后》

《雾漫峰峦满山绿》

《凝绿叠又一村》

《马头山瀑布》

《人勤春早》

《秋到马头山》

《田间小调》

《驶向彼岸》

《相看两不厌》

《马头山马斜》

《秀美田园》

《马头山东源》

《雨后青山更秀美》

第九章　筹建工作大事记

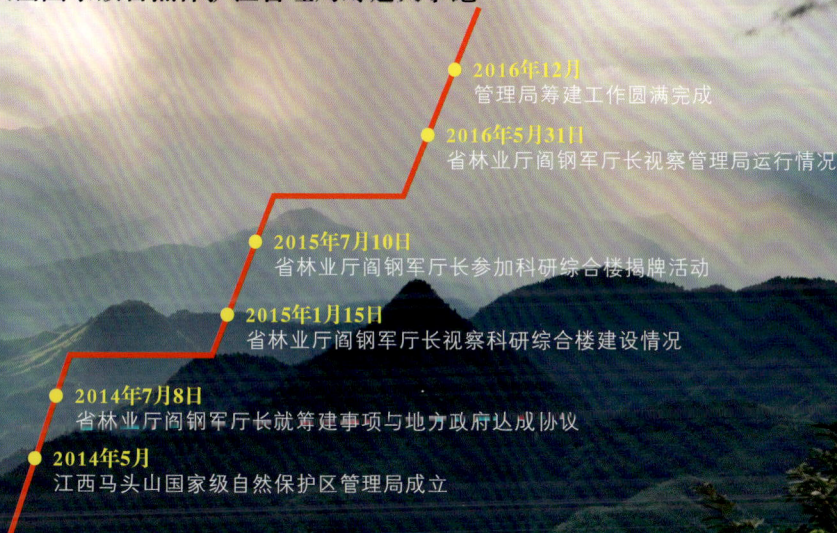

江西马头山国家级自然保护区管理局筹建大事纪

2016年12月
管理局筹建工作圆满完成

2016年5月31日
省林业厅阎钢军厅长视察管理局运行情况

2015年7月10日
省林业厅阎钢军厅长参加科研综合楼揭牌活动

2015年1月15日
省林业厅阎钢军厅长视察科研综合楼建设情况

2014年7月8日
省林业厅阎钢军厅长就筹建事项与地方政府达成协议

2014年5月
江西马头山国家级自然保护区管理局成立

2014年

6月　6月25日，省林业厅党组会议研究决定，抽调鄱阳湖保护区管理局党委书记吴和平、庐山保护区管理局副局长蔡德毓、江西定南野猪塘木材检查站副站长罗晓敏到马头山保护区管理局负责筹建工作。

7月　7月8日，省林业厅厅长阎钢军、副厅长詹春森送吴和平、蔡德毓、罗晓敏到马头山保护区上任，并在抚州市政府副市长魏建新、市林业局局长帅歌柳，资溪县委书记徐国义、县长彭映梅，江西省野生动植物保护管理局局长朱云贵等人陪同下视察科研综合楼建设工地。随后，在资溪县政府三楼会议室召开项目领导小组第一次会议，明确了在筹建期间保护区森林资源保护仍然由资溪县政府负责；管理局组成人员实行"三个三分之一"，即从地方选调三分之一，省林业厅派驻三分之一，从大专院校招聘三分之一；要求7月10日科研综合楼建设开工。会议形成了会议纪要。

7月10日，根据7月8日会议上阎钢军厅长指示精神和建设开工时间规定，马头山保护区管理局、资溪县马头山国家级自然保护区管理办公室（简称县保护办）与资溪县林业局共同努力，做通科研综合楼施工方思想工作，最终双方达成一致意见，并在规定时间7月10日的上午7:58科研综合楼正式动工建设。

2014年

7月22日，资溪县政府在行政中心三楼会议室召开了马头山保护区资源保护管理工作专题调度会。会议由副县长邓泉兴主持，参加人员有县林业局、马头山镇、马头山林场、县森林公安局、县保护办等部门主要负责人，吴和平受邀参加会议。彭映梅县长在会上强调各部门要提高认识，加强协作，共济共为，特别是保护区入口处的县马头山森林公安派出所，以及昌坪、双港口检查管理站要分季节采取有针对性的措施，加强保护管理，确保区内资源安全，为资溪县生态环境建设增光添彩。会议形成了会议纪要。

8月

8月1日，省林业厅党组书记、厅长阎钢军在靖安县组织召开了马头山、九岭山两个国家级自然保护区筹建工作调度会，省林业厅党组成员、副厅长詹春森主持会议，省林业厅副巡视员、厅人教处处长钟明，厅计财处、省野保局主要负责人参加了会议。两个保护区负责人汇报了筹建工作进展情况和存在的问题。阎钢军厅长充分肯定了两个国家级保护区前期筹建工作，并要求要牢记资源管护是主业，抓好队伍建设，加快筹建进度，全力推进基础设施建设，加强质量监管，做到廉洁自律，建立健全管理制度，在保证质量安全的前提下安排好科研综合楼土建工程时间进度表，尽早建成投入使用。

8月下旬，管理局基本帐户在资溪县农业银行办理手续，省林业厅拨付管理局的2014年开办经费35万元到帐。

9月

9月1-2日，省林业厅党组成员、副厅长罗勤在江西省野生动植物保护管理局局长朱云贵、厅人教处副处长赵志刚、资溪县副县长傅武彪陪同下到保护区管理局调研人事工作和科研综合楼施工情况。

9月10日，江西马头山国家级自然保护区建设项目领导小组批准《江西马头山国家级自然保护区科研楼项目建设管理办法》，项目建设做到了有章可循。

9月10日，省林业厅党组成员、副厅长罗勤代表省林业厅党组与吴和平进行任职前谈话。

9月11日，管理局召开职工大会，省林业厅副巡视员、人教处处长钟明代表厅党组宣布吴和平同志任江西马头山国家级自然保护区管理局局长，资溪县委组织部、县林业局领导参加了会议。

9月下旬，省财政厅、省林业厅批复马头山保护区2014年中央财政补助资金300万元。

9月28日，历经80天奋战，科研综合楼封顶，阎钢军厅长、詹春森副厅长在回复吴和平汇报短信时表示祝贺。

2014年

10月

10月11日，省林业厅党组成员、总工程师胡跃进到管理局视察科研综合楼工地，看望保护区职工，对筹建工作和工程进展情况给予了肯定。

10月13日，省林业厅办公室下发《关于调整江西马头山国家级自然保护区建设项目领导小组的通知》（赣林办发〔2014〕82号），调整了项目建设领导小组组成成员。

10月31日，资溪县建筑质量监督站、县监理公司、省林业规划院和资溪县市政公司，以及县林业局、县保护办和管理局派人到工地现场进行科研综合楼结构质量检查验收，认定总体达到合格以上，同意通过框架主体验收。

11月

11月4日，省人大代表、南昌市政协委员、南昌市收藏家协会会长、江西中外名人俱乐部和江西陶菊科技有限公司董事长史桂鹤先生一行到马头山保护区考察，史先生非常关心自然保护事业，对野生动植物充满爱心，对自然保护事业充满信心。

11月6日，保护区管理局、资溪县保护办领导在资溪县马头山镇党委书记李旺仁、武装部部长严维陪同下，到马头山镇昌坪、山岭、斗垣3个行政村现场办公，落实保护管理站选址建站事宜。

12月

12月10日，在合同规定完工之日，保护区管理局与监理、承建商一同派人组织局科研综合楼土建工程初验收，楼结构、内外墙粉刷、楼顶散水坡贴瓷等基本完成。

12月15日，管理局局务会议审定《差旅管理实施办法》、《车辆管理制度（试行）》、《食堂管理办法（试行）》三个规章制度。

2015年

1月

1月4—9日，省编办办理了从地方选调刘学东、楼智明、涂鸿文、龚景春、胡晓丽等5人的核编工作，1月9日，省人社厅办理了上述人员的调动手续。

1月15日，省林业厅厅长阎钢军在抚州市政府副市长魏建新、省林业厅总工胡跃进、市林业局局长帅歌柳、调研员傅明以及资溪县委书记徐国义、副书记胡宝钦、县政府副县长傅武彪和厅改革处、省野生动植物保护管理局、省种苗局负责人的陪同下，视察了管理局科研综合楼建设情况。在座谈会上，阎厅长充分肯定了大楼建设进度，要求做好廉洁自律工作，继续保质保量保进度，并对筹建期间存在的困难一一做了答复。

1月23日，省林业厅直属机关党委批准成立中共江西马头山国家级自然保护区管理局支部委员会。

1月29日，省纪委驻省林业厅纪检组组长李晓浩带领厅年度考核组考核马头山保护区2014年工作，同时视察科研综合楼建设情况。

2月

2月3日，吴和平带队到马头山镇、马头山林场走访慰问困难群众，镇、场主要领导陪同，共慰问困难户、孤寡老人、省劳模41人，送出慰问金8600元。

2月4日，保护区管理局召开职工大会，传达学习全国林业厅（局）长会议精神和省林业局长会议精神，总结2014年工作，部署2015年工作，具体安排落实好春节期间安全和值班工作。

2月11日，阎钢军厅长在2014年度处级干部述职述责述廉大会上，点评两个新建保护区工作，肯定两个保护区负责人工作努力，筹建工作顺利。

2月13—14日，省林业厅人教处黄祖常副处长、江西省野生动植物保护管理局吴英豪调研员到管理局考核蔡德毓任职庐山自然保护区管理局副局长试用期工作表现。

2月26日，吴和平局长代表保护区管理局与省林业厅党组签订2015年党风廉政建设责任状。

2月28日，资溪县委书记徐国义、县政府分管林业副县长傅武彪新年专程到保护区机关看望职工。徐书记表示上年度县里与保护区合作得很好，扭转了工作被动局面，加快了筹建进度。县委、县政府表示今后将继续支持保护区建设。

3月

3月6日，召开保护区管理局职工大会，吴和平局长与科（室）负责人签订2015年党风廉政建设责任状。吴和平作了《尽快融入大家庭，做好新年新工作》的讲话，强调要加强勤政廉政工作，建设谋事干事，团结和谐的工作氛围，共同把马头山保护事业建设好。

3月11日，资溪县委书记徐国义、县政协主席万鸣、副主席吴开发、县政府副县长傅武彪带领县国土、林业、信用联社、大觉山公司负责人在管理局会议

2015年

室座谈，商讨如何支持自然保护事业，并调研筹建工地。

3月18日，资溪县政府常务副县长周亮平、县人大副主任石仕忠考察管理局科研综合楼建设，县财政局局长祝卫福随同。

3月23日，资溪县供电公司揭小龙经理到保护区管理局商谈解决科研综合楼供电事宜。

4月

4月7日，召开局务会议，专题研究推进保护区基础设施建设项目和2014年中央财政补助项目工作。

4月8日，邀请马头山镇镇长饶文发、武装部部长严维，以及马头山镇昌坪、山岭、斗垣、港东4个行政村书记、主任到保护区管理局就落实4个保护管理站建设征地事项，召开专题会议研究。

4月15日，保护区管理局领导与马头山镇政府领导、马头山镇港东村负责人在马头山镇政府签订保护区租赁港东村办公楼20年使用协议。规定由保护区管理局负责全面装修，安排1间给港东村办公，1间为图书室，会议室、食堂双方共用，以装修费一次性代替租赁费，使用20年。

4月17—18日，经省林业厅分管领导批准同意，由吴和平带队，组织人员参观学习了鄱阳湖保护区大湖站、吴城站标准站建设，以及江西蚕桑研究所、凤凰沟发展旅游建设理念，鄱阳湿地公园科技馆建设和管理等，学习发展思路，谋划保护区基础设施建设。

4月20—21日，吴和平、罗晓敏、刘学东到国家林业局、环境保护部汇报保护区筹建情况，争取项目支持，并与国家林业局规划院商定编写二期基础设施建设项目可行性研究事宜。

4月22日，国家林业局保护司巡视员孟沙等一行，在省森林公安局政委钟世富陪同下，到资溪县调研生态保护领导离任责任审计工作，并专程到管理局科研综合楼工地现场视察，对保护区筹建工作表示满意。

5月

5月20日，保护区管理局与资溪县统计局签订《委托调查协议书》，委托资溪县统计局牵头对保护区社会经济情况进行全面调查，并提交调查成果。

5月21日，省林业厅党组召开"三严三实"专题教育动员会，阎钢军厅长讲党课。吴和平参加了会议。

5月29日，保护区管理局与南昌大学流域研究所在南昌大学签订《关于开展科教合作框架性协议书》，建立合作申报项目、共同科学研究，共享科研成果平台。

2015年

6月

6月3日，保护区管理局召开"三严三实"专题教育启动暨专题党课会议。吴和平以《自觉践行"三严三实"要求，做忠诚、规矩、干净、敢担当的自然保护事业好干部》为题讲了一堂党课，专题教育活动正式启动。

6月4日，保护区管理局召开局务会议，审定了《财务管理办法》、《公文处理办法》、《考核奖惩办法》等8个方面规章制度。

6月16日，省纪委驻林业厅副厅级纪检专员郭国芸到保护区管理局调研工作，深入保护区了解资源保护以及科研综合楼建设情况，叮嘱做好项目招投标工作，坚守廉洁，干净做人做事。

6月18日，保护区管理局党支部召开第一届支委会议，研究推荐吴和平为支部书记候选人。支委委员分工：罗晓敏同志担任组织委员、刘学东同志担任纪检委员、楼智明同志担任宣传委员。同日，经党员大会选举吴和平为党支部书记人选，报厅直机关党委批准。

6月19日，省林业厅直属机关党委《关于江西马头山国家级自然保护区管理局党支部选举结果的批复》（赣林直党字〔2015〕15号），批复同意吴和平同志为江西马头山国家级自然保护区管理局党支部书记，罗晓敏、刘学东、楼智明为党支部委员。

6月26日，省林业厅副巡视员毛赣华在调研抚州国有林场改革工作后，专程到资溪县看望保护区职工，视察管理局科研综合楼建设情况，听取保护区负责人汇报，对保护区筹建一年的工作给予了充分肯定。

6月27—28日，管理局从租赁的位于资溪县鹤城镇沙苑村甲木样组临时办公房搬迁进科研综合楼办公，单位职工冒着36C°高温酷暑，自己动手，搬运办公设备，大家汗流浃背，相互帮助，用辛勤劳动创建自己美好家园。

6月30日，省林业厅在南昌召开纪念建党94周年暨"七一"表彰大会。马头山保护区罗晓敏、刘学东两位同志分别荣获2015年度省林业厅优秀党务工作者、优秀共产党员称号。

7月

7月9日下午，省林业厅厅长阎钢军在抚州市政府副市长魏建新的陪同下，视察东源、昌坪、双港口三个站的选址情况。对东源站选址基本满意，要求站房靠东面建设；对昌坪站、双港口站选址不满意，要求重选。阎厅长要求保护区管理局重新选好站址后，请詹春森副厅长带人现场确定。选址工作要坚持设关卡、着村着店、安全的原则。征地工作如有阻力，请县领导协调。

2015年

7月10日，上午8:58举行科研综合楼揭牌仪式，仪式由省野生动植物保护管理局局长朱云贵主持，保护区管理局局长吴和平致欢迎辞。省林业厅厅长阎钢军，副厅长詹春森、罗勤、邱水文，副巡视员钟明；抚州市副市长魏建新、市林业局局长帅歌柳；资溪县委书记徐国义、人大主任李莉华、政协主席万鸣等出席揭牌仪式并合影留念，随后在大厅观看《欣欣生趣马头山》宣传片、参观科研综合楼。在二楼会议室召开马头山保护区森林资源保护管理工作座谈。会议由詹春森副厅长主持，议程分别是马头山保护区管理局吴和平局长汇报工作，资溪县徐国义书记汇报工作，各位领导发言，最后由阎钢军厅长讲话。会议形成会议纪要。

7月14日，省林业厅人教处同意罗晓敏同志任保护区管理局办公室主任，刘学东同志任资源管护科科长，楼智明同志任科研管理科科长，涂鸿文同志任科研管理科副科长。

7月14日，在科研综合楼会议室召开保护区管理局第一次职工大会，会议由吴和平主持。会议通报了7月6日厅务会议精神，揭牌及座谈会活动情况，提出落实座谈会领导讲话精神并将任务分解，做到任务到人，责任到人。

7月15日，省林检局局长沈彩周、副局长罗俊根一行专程到马头山保护区商谈昆虫、大型真菌调查工作，同意合作调查并给予项目资金支持。

7月24—28日，由南昌大学生命科学学院葛刚教授牵头，南昌大学生命科学学院、中科院东北生态研究所、杭州师大师生及马头山保护区业务人员共44人组成科考组，对马头山保护区开展为期3年的生物多样性第二次全面调查。科考人员分为4组（即种子植物组、苔藓与蕨类组、植被组、鸟类组）进山调查，共采集种子植物标本300号1200余份，采集苔藓与蕨类标本300余号近1000份、调查植被样方4个12个小样方，苔藓标本200余号800余份。

8月　8月7日，吴和平向副厅长詹春森、罗勤汇报从资溪县选调第二批工作人员情况。厅领导要求做一些调整后再报。

8月8—9日，根据保护区"三严三实"专题教育方案要求，并请示省林业厅分管领导批准同意后，组织职工到上饶集中营、方志敏纪念馆参观学习。

8月13日，国家林业局保护司严旬总工、东北林业大学马建章院士、中科院动物研究所将志刚研究员、国家林业局林业调查规划设计院王志臣处长、全国野生动物发展研究中心陆军主任、北京大兴野生动物园刘昕晨总工，在参加资溪县评审论证《华南虎繁育及野化训练项目设计规划方案》后，专程到保护区听取汇报，对科研管理工作进行考察指导。

2015年

8月22—23日，国家林业局驻福州专员办专员尹刚强一行到马头山保护区调研保护区保护管理工作，省林业厅副厅长詹春森、抚州市副市长魏建新，以及省野保局、抚州市林业局、资溪县政府主要领导陪同。尹刚强专员充分认可马头山保护区森林资源丰富，特别是珍稀植物种类多，群落大，十分罕见。他充分肯定马头山保护区做到了边保护边建设边发展，特别是去年成立管理机构以来，筹建工作取得巨大成效。

8月23日，省森林公安局政委钟世富一行到管理局视察，对科研综合楼快速建成并投入使用给予高度评价。

8月26日，环境保护部安排以中科院宋延龄研究员为组长的专家组对马头山国家级自然保护区进行管理工作评估。专家组深入到东源、昌坪站了解保护区管理工作和森林资源保护情况，并召开评估会议。最后专家组评定87分，列为优秀行列。

9月 9月8日，召开职工大会，学习习近平总书记有关"三严三实"、反腐倡廉系列重要讲话精神，通报了局务会议精神，重点强调工作纪律，要求少说多做，低调做人，扎实做事。

9月8—10日，经过协调，向省林业厅上报选调陈孝斌、张建根、邵湘林、饶亚卉、李珺、石强、卢颖颖共计7人，再经省林业厅审定和档案审查，同意报省人社厅审调。

9月11—16日，省林检局丁冬荪一行与保护区工作人员到区内开展昆虫资源调查。

9月30日，管理局召开工会成立大会。推荐并选举罗晓敏、张建根、胡晓丽、饶亚卉、龚玮璐等5人为局工会委员，其中罗晓敏为主席、张建根为组织宣传委员、胡晓丽为财务委员、饶亚卉为女工委员、龚玮璐为文体生活委员，按规定向省林业厅直属机关工会委员会报批。

9月30日，厅人教处黄祖常副处长、邹强华主任科员，江西省野生动植物保护管理局吴英豪调研员、黄志强科长专程到管理局考察推荐1名副处级干部。罗晓敏同志列为考察对象，上报厅党组审批。

10月 10月12—13日，根据厅领导的要求，吴和平带领9名中层以上干部参观庐山国家级自然保护区标准化保护站建设，庐山保护区副局长胡少昌等陪同。

10月13日，省林业厅直属机关工会《关于同意成立江西马头山国家级自然保护区管理局工会委员会的批复》（赣林直工字〔2015〕18号），批准成立马头山保护区工会委员会，罗晓敏任主席，张建根任组织、宣传委员，胡晓丽任

2015年

财经委员，饶亚卉任女工委员，龚玮璘任文体生活委员。

10月23—26日，南昌大生命科学院葛刚副院长一行到马头山保护区开展第2次生物多样性调查，在龙井河边发现美毛含笑母树1株，小树3株。

11月

11月2日，抚州市林业局杨大进局长到管理局走访，吴和平局长介绍了保护区基本情况。

11月2—4日，南昌大学生命科学学院鸟类专家到保护区开展第2次生物多样性专项调查。

11月22—23日，省林业厅"三严三实"教育办严明、曹春林到保护区管理局检查"三严三实"专题教育工作开展情况，吴和平做汇报。严明充分肯定了管理局"三严三实"专题教育按要求抓落实，内容丰富，规章制度完善，查摆问题落实好。肯定单位似一道风景线，筹建进度很快，干部年轻有活力。

11月25—27日，省直机关工委讲师团唐长瑛团长在省林业厅机关党委专职副书记郭伟陪同下，专程到资溪县调研国有林场改革成效和经验。唐团长26日上午在管理局二楼会议室讲授"十八届五全会"精神和"一准则两条例"内容，辅导全局职工深刻理解精神实质，给大家上了一场很好政治课。下午参观保护区昌坪油榨窠后，到马头山生态林场调研。

12月

12月4日，9：48吴和平宣布东源保护管理站站房建设开工。参加开工仪式的有保护区管理局科（室）、站负责人，马头山镇、山岭村、马头山公安派出所、马头山森林公安派出所负责人。

12月8日，11：18吴和平宣布双港口保护管理站站房建设开工。保护区管理局科（室）、站负责人，马头山镇、斗垣村领导参加了开工仪式。

12月28日，省林业厅副巡视员钟明、人教处副处长黄祖常代表厅党组宣布罗晓敏同志任江西马头山国家级自然保护区管理局副局长。接着到4个保护管理站调研，对郑家站建设表示满意，对还在建设中的其他站给予肯定。

2016年

1月

1月1日，郑家保护管理站揭牌投入使用，管理局领导、副科级以上干部、村干部到场祝贺。并报告省林业厅厅长阎钢军、巡视员詹春森、省野保局局长朱云贵，他们表示祝贺!

1月2日，中国野生动物保护协会原副秘书长杨丹一行4人，到东源、昌坪、郑家保护管理站调研。

1月5日，召开新年第一次职工大会，会上宣布局领导分工。吴和平局长主持全面工作，兼管财务、人事，分管办公室；罗晓敏副局长协助局长分管保护、科研、宣传、社区共建和项目管理工作，分管资源保护科、科研管理科和4个保护管理站。

1月7日，召开办公室会议，宣布东源保护管理站站长陈孝斌兼任办公室负责人，主持办公室工作，双港口保护管理站副站长（主持工作）张建根兼协助办公室负责人工作。并宣布办公室人员和协助人员工作分工。

1月13日，召开春节森林资源保护专项整治领导小组办公室主任会议，商量推进春节期间保护野生动物及森林防火专项整治工作。

1月18日，省林业厅副厅长罗勤率考核组到保护区管理局考核2015年度工作情况，管理局局长吴和平用PPT进行了汇报。罗副厅长表扬用PPT汇报的新颖直观，充分肯定马头山保护区筹建工作所取得的成绩。

1月22日，由吴和平、罗晓敏带队，分别到昌坪、双港口检查站慰问值守人员和当地困难群众。送去慰问金8500元。

1月25日，保护区管理局召开2015年度工作总结表彰大会，总结全年工作，部署2016年工作，表彰了先进集体和先进个人。

1月28日，省林业厅召开2015年度处级干部述职述廉大会，吴和平上台述职述廉。

2月

2月12日，保护区管理局召开局务会议，通报科研综合楼及附属设施建设决算评审结果，研究支付科研综合楼工程款项事宜。

2月14日（初七），早上8：38由罗晓敏副局长带领职工放爆竹，祝贺保护区管理局新年开门大吉!

2月18日，根据保护区管理局与马头山林场签订拆除昌坪护林检查站置换协议，昌坪检查站搬离检查站房，开始拆迁，启动建设昌坪站工作。

2月19日，省林业厅召开2016年廉政建设工作大会，吴和平参加会议并与省林业厅巡视员詹春森签订2016年度党风廉政建设责任状。

2016年

2月25日，昌坪保护管理站正式动工开挖基础。邀请马头山镇、马头山林场以及马头山森林公安派出所、镇供电所，县设计院、质监和监理等部门负责人，以及业主、承建商参加了开工活动。

3月

3月3日，资溪县交通运输局徐国根局长一行到东源至昌坪县级公路察看，吴和平、罗晓敏等陪同。双方商定东源至昌坪县级公路养护由马头山保护区负责，县交通局每年拨付16000元，塌方3立方米以上报告县交通局，由县交通局另请人或委托管理局清除。保护区与交通局签订协议，从2016年1月开始执行。

3月9日，吴和平、陈孝斌向阎钢军厅长汇报马头山保护区一期项目建设情况和2016年人员选调（招聘）建议。厅长指示做好一期项目验收和人员选调、招聘工作。

3月14日，阳际峰国家级自然保护区管理局江忠局长、乐新贵副书记以及贵溪市冷水林场仲场长一行到马头山保护区管理局、基层保护管理站参观学习，吴和平、罗晓敏等陪同。

3月27日，保护区管理局召开专题会议，研究如何开展马头山保护区"三区"勘界工作。会议决定请资溪县政府牵头，召集保护区管理局、县林业局、马头山镇、马头山林场布置勘界工作。3月29日资溪县政府副县长傅武彪召开勘界领导小组会议，具体部署勘界工作。

3月30日，马头山保护区管理局召开局务会议，部署危旧房建设、一期项目建设验收工作。

4月

4月5—6日，罗晓敏副局长带领科研管理科、昌坪保护管理站和水文气象站建设单位负责人、技术人员到江西九连山国家级自然保护区参观考察学习。

4月6—8日，国家林业局规划院蒋亚芳、邵炜、涂翔宇深入保护区调研编制二期可研项目，并召开座谈会征求意见。

4月9日，资溪县委书记徐国义到保护区管理局考察工作。

4月21日，詹春森巡视员带领吴和平、张建根到国家林业局保护司向孟沙巡视员汇报马头山国家级自然保护区2016年中央财政能力补助项目和保护区二期基础设施建设项目申报工作，孟沙巡视员表示支持。

4月26-27日，经请示省林业厅分管领导同意，吴和平局长、罗晓敏副局长带领部门负责人一行10人到福建省光泽县寨里镇、官桥林场，以及江西省贵溪市双圳、冷水林场、阳际峰国家级自然保护区参观学习。主要是为了加强联系，沟通保护管理信息，参观危旧房建设和管理经验，商议建立马头山保护区

2016年

联合保护委员会等事项。此行不仅学习了危旧房建设和管理经验，还加深了彼此感情，并就成立联合保护委员会达成一致共识。

5月

5月6日，罗晓敏副局长带领筹备组人员到新余市渝水区百丈峰林场参观学习危旧房建设与管理经验，筹划管理局危旧房建设工作。

5月10日，单位召开全局党员"两学一做"学习教育工作部署会议。

5月17—18日，省林业厅人教处黄祖常、邹强华和江西省野生动植物保护局吴英豪到马头山保护区管理局考察副处级干部。

5月25日，吴和平到省林业厅向阎钢军厅长、詹春森巡视员、罗勤副厅长、钟明副巡视员汇报单位推荐副局长人选工作。

5月30日，阎钢军厅长带领赴南非考察接收华南虎回归项目人员到资溪县九龙湖现场考察接收南非华南虎野化工地建设情况，31日到马头山保护区管理局考察机关院内绿化、扑火物资贮存、标本制作以及管理局运行情况。在座谈会上，阎厅长强调保护区自去年7月揭牌以来，各项工作进展顺利，成绩显著，非常满意，给予充分肯定。

6月

6月3日，保护区管理局召开"两学一做"专题学习讨论会。吴和平以《坚定理想信念 严格履行职责 忠诚党的自然保护事业》为题讲党课，并安排2名党员代表发言。

6月5—7日，吴和平、罗晓敏带队进山调查全国保护树种资源调查，完成喜树、南方红豆杉、闽楠、毛红椿、红豆树调查任务。

6月24—25日，省林科院毛竹研究所彭九生、王海霞到管理局调研毛竹科研项目合作事宜。

6月27日，詹春森巡视员和厅后勤服务中心签署意见，同意批准管理局向外租车办公。

6月28日，省林业厅在南昌隆重召开纪念建党95周年暨"七一"表彰大会。会上，省林业厅表彰了一批先进集体和先进个人。马头山保护区党支部荣获先进基层党组织；张建根、饶亚卉荣获优秀共产党员；楼智明荣获2015年省林业厅先进工作者。

6月30日，省林业厅举办"庆祝建党95周年暨当林业先锋，做合格党员"演讲比赛，饶亚卉、石强两名选手参加比赛，取得较好成绩，得到厅直机关党委负责人的肯定。

2016年

6月30日，由资溪县政府分管领导协调，马头山保护区、县林业局、马头山林场派人参加的保护区"三区"勘界外围任务完成，共勘定埋桩33个，测定经纬坐标，主要分布在双港口、东源、郑家3个站管辖范围内。参加野外工作人员主要有陈孝斌、龚景春、许资林、胡福泉。

7月

7月2—5日，经厅领导同意，局党支部组织"两学一做"局机关职工共20人赴井冈山、兴国、瑞金接受红色教育，向烈士陵园献花圈，参观茨坪旧居、茅坪、大井旧居和小井红军医院，参观黄洋界、博物馆，以及兴国将军馆、苏区干部好作风纪念馆，瑞金沙洲坝、叶坪等地，接受革命传统教育。

7月7—10日，南昌大学生命学院李恩香副教授一行8人及保护区科研科、保护站人员，联合开展了生物多样性调查。

7月8日，保护区管理局召开中层以上干部会议，部署尼伯特台风防范工作。尼伯特台风来势汹汹，破坏很大，但对马头山保护区影响不大。

7月19日，受资溪县县长吴建华委托，在县政协副主席吴开发、乌石镇党委书记杨建忠、镇长方惠中的陪同下，吴和平、罗晓敏带领专业人员楼智明、魏浩华等到乌石镇陈坊村风水林调查树种资源。

7月25日，马头山保护区危旧房建设开标，资溪县同益建筑公司中标，评审预算495.3万元，下浮9.8％，中标价446.8万元，工期300天。

7月27日，11：38马头山保护区举行危旧房建设开工仪式，邀请县政府副县长傅武彪，县国土、房管、工业园区管委会主要领导或分管领导，以及职工、部分职工家属代表参加。

7月28—29日，省林业厅计财处副调研员俞长好、江西省野生动植物保护管理局调研员吴英豪及聘请专家应钦、杨桢，对保护区一期基础设施建设项目进行现场验收。

8月

8月1日，马头山镇政府邀请马头山保护区、马头山林场召开关于整治马头山保护区烧烤工作的会议。商定由保护区负责订做3块温馨提示牌或注意事项，分别树立在和平桥、斗垣和东源，具体地点由马头山镇负责协调，明确严禁在保护区内烧烤。

8月2日，厅稽查办龚平副主任一行到管理局检查验收一期项目财务工作。

8月2日，省林业厅在厅三楼举行招聘高层次人才和退役大学生士兵面试工作，罗晓敏副局长代表马头山保护区管理局参加了马头山保护区招聘面试。此次马头山保护区共招聘硕士研究生2人，退役大学生士兵2人。

8月6—10日，省林检局丁冬荪教授级高工、罗俊根调研员一行5人到马头山保护区昌坪、竹延岭一带开展当年第二次昆虫调查，楼智明、魏浩华等参加。

2016年

8月16日，吴和平到省林科院商谈科研合作事宜，黄小春院长接见。

8月21—23日，裴利洪教授对马头山保护区国家重点保护植物红豆树、花榈木等进行调查，魏浩华、吴可生陪同。在百丈际山沟中找到花榈木植株。

8月27日，罗晓敏副局长带领符潮（刘仁林教授硕士研究生）、魏浩华、熊宇对资溪县乌石镇陈坊村风景林进行树木调查，完成古树每木检测，随后向资溪县政府提交了调查报告，得到县委主要领导赞扬。

8月29日，吴和平、罗晓敏及东源、昌坪、双港口三站负责人一同巡检三站建设情况，督促建设质量和进度。

9月

9月5日，吴和平主持召开资溪县与保护区管理局交接保护区森林资源保护管理筹备工作专题部署会议。

9月6日，罗晓敏带领张建根、龚景春、胡晓丽到南昌了解危旧房电梯采购情况，询问了日立、三菱、奥底斯3种电梯功能和价位情况。最后选择三菱品牌。

9月7日，闽浙赣第五联防区检查组第一次到管理局检查护林联防工作，吴和平汇报，并座谈讨论。

9月19日，抚州市委原常委、农工部长、资溪县原县委书记熊云鹏邀请当年穿越马头山"十壮士"在管理局二楼会议室座谈，县政府黄智迅县长、傅武彪常务副县长参加。

9月30日，保护区森林资源交接方案报阎钢军厅长、詹春森巡视员、江西省野生动植物保护管理局批准同意。

10月

10月9日，吴和平、刘学东向县委书记吴建华汇报陈坊村风景林调查、保护区实验区毛竹林经营利用审批建议、保护区森林资源交接方案（征求意见稿），吴书记表扬保护区陈村风景林调查工作做得好，有技术水平，并对保护区毛竹林、人工杉木林科学试验建议办理程序由村民申请，提交给马头山镇、县林业局审核，转交保护区制作科学试验方案，经省林业厅聘请专家论证同意后，再交县林业局审批，由保护区监督检查并验收。另交待保护区对县城绿化、生态文化建设开展一次调研，向县人民政府提出建议。

是日下午，保护区管理局召开局领导与新进人员见面会，由罗晓敏副局长主持，新进人员介绍基本情况，观看《欣欣生趣马头山》宣传片，吴和平讲话。新进人员有：正式职工孙培军、熊宇、曹影、范少辉、涂运健和昌坪站聘用巡护人员占海星、郑家站何木伙、胡良元等。

2016年

10月18日，举行双港口保护管理站揭牌活动，吴和平、罗晓敏及科站负责人参加，邀请马头镇分管林业工作的武装部部长曾新华、供电所负责人和斗垣村书记、承建商参加。

是日，詹春森巡视员电话通知吴和平，有人反映马头山保护区内有违规修路、砍伐毛竹等情况，要求调查处理。接通知后，吴和平马上调度，属9月底调查处理好周家违规修路、砍伐毛竹事件，并要求邵湘林派人再进山查看毛竹采伐现场，与以前事实相符。当晚撰写了汇报材料。

10月19日，办好楼智明调九岭山保护区手续后，由省林业厅人教处赵志刚和吴和平送楼智明去九岭山保护区报到。

是日下午，由江西省野生动植物保护局调研员吴英豪负责，邀请江西农大林学院杨光耀院长任组长，与江西农大廖为民、鄱建办纪伟涛、省环保厅生态处赵克、省林业规划院徐聪荣组成专家组，对保护区毛竹科学试验方案进行专家论证。通过专家论证后，按专家意见进行修改再报批实施。

是日，詹春森巡视员在反映昌坪村砍伐毛竹、修路的"群众反映"上签署意见，要求吴和平阅处，并要求妥善处理，维护资源安全。吴和平提交了调查情况汇报。

10月20日，吴和平被选举为省林业厅党代会代表，上午参加省林业厅党代表选举省党代表大会，大会选举阎钢军厅长为省党代会代表。

10月21日，由罗晓敏副局长带队，刘学东、张建根、邵湘林、龚景春共同对"群众反映"的周友龙修路和砍伐毛竹事件进行深入调查，提交调查报告，启动内部问责程序。

10月23日，县政府副县长祝卫福召集马头山保护区、县林业局和马头山镇领导在县政府三楼会议室商讨保护区实验区毛竹林村民经营利用审批事宜，同意由县政府发文规范，毛竹经营利用规程稿由保护区负责提供。

10月26—27日，省编办主任傅世平、副主任廖涛在省林业厅巡视员詹春森、副巡视员钟明及厅人教处、江西省野生动植物保护管理局负责人陪同下，专程调研保护区编制问题。

10月29—30日，省林业厅人教处黄祖常、邹强华到保护区管理局考察副局长人选，同意推荐刘学东、陈孝斌两位同志列为副局长人选，按程序上报。

2016年

11月

　　11月3—4日，省纪委驻省林业厅纪检组组长赵国在省林业厅直属机关党委专职副书记郭伟、主任科员胡晓昱陪同下，到管理局调研。赵国组长听取了保护区管理局吴和平局长工作汇报，并到基层站点视察，对保护区筹建期间资源保护工作给予肯定，称赞管理局党风廉政建设工作做得细、有特点。

　　11月7日，吴和平赴省林业厅请吴英豪、李俊文修改保护区管理局与资溪县政府拟签交接协议稿，并报送阎厅长、詹巡视员签批同意。返回后与县政府黄智迅县长协商，争取在月底前完成资源保护移交工作。

　　11月10日，保护区管理局召开"两学一做"第四专题"群众支持求胜利"集中学习讨论及职工大会，通报了昌坪村破坏林地和资源责任人问责处理决定。晚上召开局务会议，讨论修改站经费包干意见，审定《聘用人员选聘和管理规定》等。

　　11月12日，呈送百丈际毛竹科学试验方案及要求批复毛竹经营利用报告给厅林政处，等待批复。

　　11月15日，保护区管理局在东源站召开基层保护管理站负责人会议，保护站聘用巡护人员列席。会议组织学习了《聘用人员选聘和管理规定》，通报了昌坪站监管不力问责处理决定，强调要加强聘用人员管理，切实履行职责，确保资源安全。

　　11月16日，管理局危旧房改造异地新建楼封顶。

　　11月27日，资溪县政府常务会议研究审定保护区交接方案和交接协议，以及保护区实验区毛竹经营利用规程，并获得通过，吴和平列席会议。

12月

　　12月2日，资溪县政协主席万鸣、副主席曾莉带领县政协调研组到马头山保护区调研保护管理工作，现场考察了东源、昌坪保护管理站、东源古树、鹰嘴岩、月亮湾、油榨窠等景点，在保护区会议室召开了座谈会，吴和平汇报了工作。万鸣主席充分肯定了保护区筹建工作，并准备向县政府提交保护区发展旅游的建议。

　　12月6日上午，资溪县委书记吴建华、县政府县长黄智迅、副县长祝卫福到省林业厅拜见阎钢军厅长。在厅党组会议室，阎厅长听取了吴建华书记有关林业工作及要求汇报，吴和平汇报了要求资溪县政府解决的问题，胡跃进总工就林地及保护区实验区毛竹林经营利用问题进行了解答。最后，阎厅长就县里和保护区提出的问题——做了回答。参加人员还有资溪县委办李锡明、县林业局何涛清，省林业厅造林处张扬纯、林业工作总站余小发、省防火办徐立。

12月8日，召开职工大会，以高票通过推荐6名科级干部考察对象。分别是张建根获推荐为局办公室主任人选，邵湘林、涂鸿文获推荐为保护管理站站长人选，龚景春、石强获推荐为保护管理站副站长人选，魏浩华拟任获推荐为资源保护科副科长人选。随后，局党支委召开会议进行了研究，同意张建根任局办公室主任、邵湘林任昌坪保护管理站站长、涂鸿文任郑家保护管理站站长、龚景春任局东源保护管理站副站长（主持工作）、石强任局双港口保护管理站副站长、魏浩华任局资源管护科副科长，按程序报厅人教处同意备案后任职。

12月9—12日，管理局班子各带1个组进驻4个保护管理站，进区开展清网清铁夹行动。

12月13日，吴和平与资溪县县长黄智迅草签《资溪县人民政府　江西马头山国家级自然保护区管理局关于保护区森林资源保护管理交接协议》。

12月14日，吴和平和魏浩华参加江西省野生动植物保护管理局组织的2016年中央财政林业补贴项目实施方案专家论证会议，管理局实施方案获通过。

12月15—16日，民建江西省委会组织调研组到管理局调研自然保护区生态补偿工作。民建江西省委会委员、江西农大颜贤仔教授、民建江西省委会参政议政部刘立新部长、余成振主任科员，江西省野生动植物保护管理局调研员吴英豪、科长黄志强陪同，实地调研东源、昌坪两个保护站，并在管理局二楼会议室召开座谈会。调研组成员、陪同人员及资溪县林业局局长何涛清、马头山镇武装部长曾新华、马头山林场副场长张慧明及管理局吴和平、刘学东、陈孝斌等参加座谈会。

12月19日，保护区管理局与国家林业局规划院签订编制二期总规协议。协议编制规划金额22万元。

12月22日，举行保护区森林资源交接会议，省林业厅巡视员詹春森、省野保局局长朱云贵、抚州市林业局副局长蔡林生、森防站站长李华，以及资溪县政府县长黄智迅、副县长祝卫福、县林业局局长何涛清、县森林公安局局长詹晓武、马头山镇党委书记王秋水、马头山林场书记黄文明和保护区局领导、部门负责人参加了会议。

是日，詹春森、朱云贵、蔡林生、祝卫福参加昌坪保护管理站揭牌仪式。

12月23日，单位举行抓阄分房会议，有21名符合条件的人员参加，全程进行了录像，做到了公开、公平、公正，分房工作顺利。

2016年

12月29日，中国野生动物保护协会下达文件《关于授予孔凡生等66名同志"斯巴鲁生态保护奖"的决定》（中动协秘字〔2016〕79号），其中江西马头山国家级自然保护区管理局吴和平同志荣获2016年度斯巴鲁生态保护个人奖。

江西马头山国家级自然保护区

荣　誉　墙

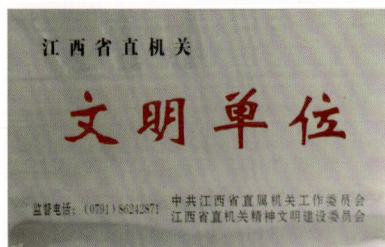

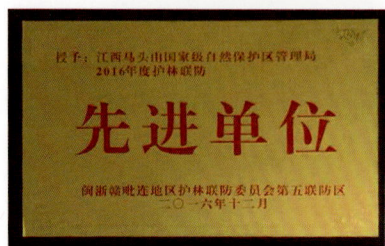

馬頭山

建武書

聽雨觀雲

丁酉夏月
邱□□書

守護神

建民 书

天道酬勤

岁次丁亥冬月之吉建民书

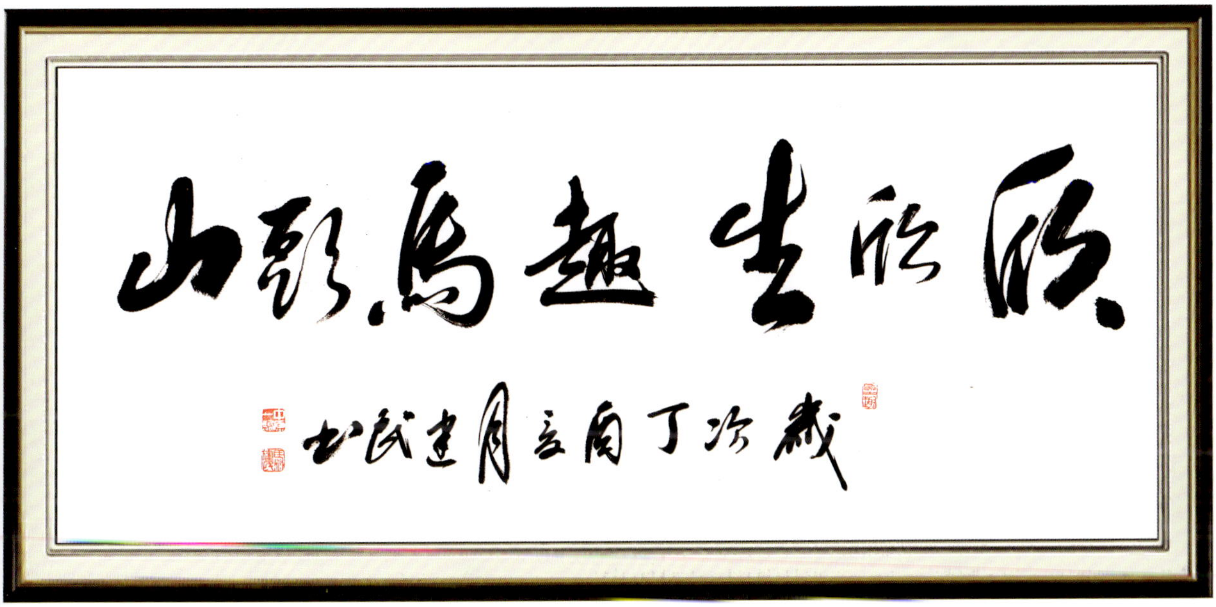

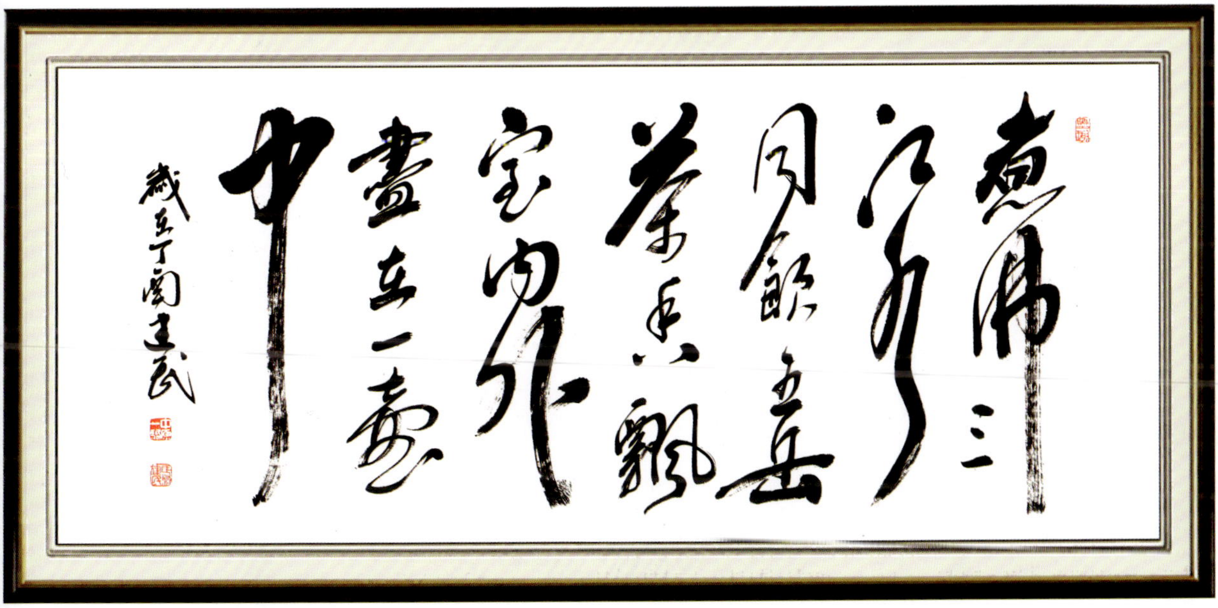

山静鸟趣生 欣於所

歲次丁酉立夏自三月建武书

惠风 江河 月飲 举头 宝中 尽立一壶 中

歲立丁酉建武

籌建完成局站新建添新彩

文接順利區縣共管謀共贏

邱百應書

東風吹拂新人新站新氣象

源頭活水保山保水保安全

丁酉年夏 龔景春書

青山綠水東南雙港

千枝竞秀 丁酉之

百鸟争鸣 鼎華

紅葉黃花月崒山上

江西马头山自然保护区总体规划布局图

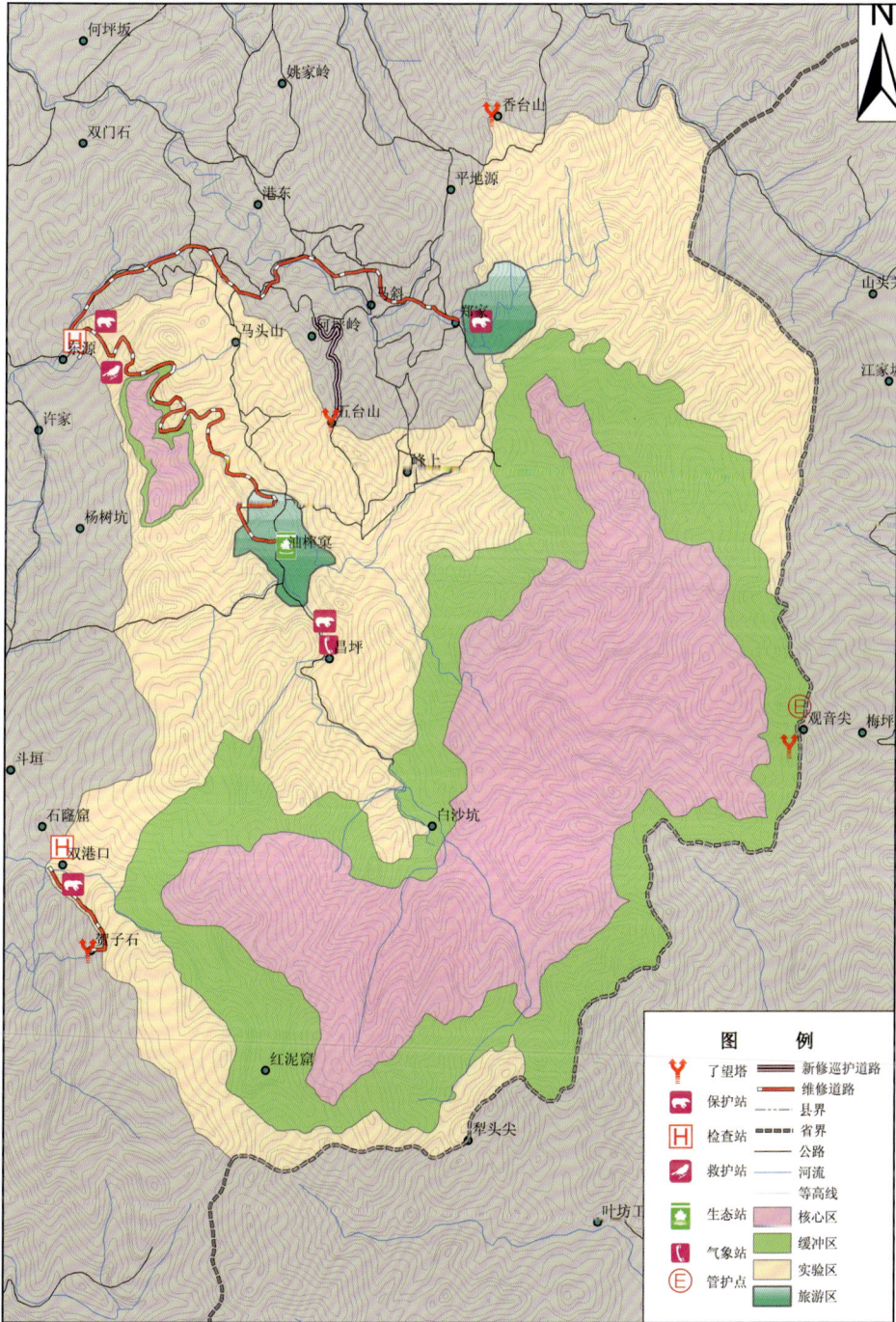

何坪坂

姚家岭

双门石

港东

平地源

香台山

山头

马头山

小剑

河岭

梨源

江家坑

许家

五台山

隊上

杨树坑

仙桃宴

斗垣

昌坪

观音尖

梅坪

石隆窟

白沙坑

双港口

鹅子石

红泥窟

犁头尖

叶坊工

图　例

了望塔　　　　　新修巡护道路
保护站　　　　　维修道路
检查站 H　　　　县界
救护站　　　　　省界
　　　　　　　　公路
生态站　　　　　河流
气象站　　　　　等高线
管护点 E　　　　核心区
　　　　　　　　缓冲区
　　　　　　　　实验区
　　　　　　　　旅游区

国家林业局调查规划设计院　　　　　1:80000　　　　　2006年3月